校园野生动物调查手册

陆生脊椎动物

A FIELD GUIDE TO CAMPUS WILDLIFE SURVEY:
TERRESTRIAL VERTEBRATES

刘文亮　何　鑫　薄顺奇　宋晨薇　主编

上海科学技术出版社

内容提要

本书选择上海8所高校的11个校区作为代表性地点，设计上海高校陆生野生脊椎动物调察和监测样线。书中收录在这些样线上及周边地点已调查到的陆生野生脊椎动物159种，包括两栖类7种（含1个逸生种）、爬行类6种（含1个逸生种）、鸟类140种和哺乳类6种；每个物种都配有照片，并介绍其分类、主要形态特征、习性、校园常见度、分布等信息，方便读者进行物种识别。本书既可供相关专业师生作为校园野生动物的实习手册，又可作为自然爱好者和环境保护社团在城区进行生态观察的导赏手册。

图书在版编目（CIP）数据

校园野生动物调查手册 ：陆生脊椎动物 / 刘文亮等主编. -- 上海 ：上海科学技术出版社，2023. 2
ISBN 978-7-5478-6027-4

Ⅰ. ①校… Ⅱ. ①刘… Ⅲ. ①脊椎动物门－野生动物－调查－手册 Ⅳ. ①Q959.308-62

中国版本图书馆CIP数据核字(2022)第234201号

校园野生动物调查手册：陆生脊椎动物

刘文亮　何　鑫　薄顺奇　宋晨薇　主编

上海世纪出版（集团）有限公司
上 海 科 学 技 术 出 版 社　出版、发行
（上海市闵行区号景路159弄A座9F-10F）
邮政编码201101　www.sstp.cn
上海展强印刷有限公司印刷
开本 787×1092　1/32　印张 7.5
字数 228千字
2023年2月第1版　2023年2月第1次印刷
ISBN 978-7-5478-6027-4 / Q · 78
定价：69.00元

编委会

主编

刘文亮　何　鑫　薄顺奇　宋晨薇

副主编

张秩通　郭光普　贺　坤　张东升

编写人员

华东师范大学

刘俊甫　朱小静　赵志鹏　王丰仪　汪　桦　刘　哲　王　晨　曾玥琪　沈　扬

上海应用技术大学

李　敏　刘　莹　王玉源　王宇迪　黄舒欣　陈可馨　王玥宁　赵渠成

上海交通大学

刘文浩　万海波　邱　鑫　郑嘉唯　陈　玲　施　琪

同济大学

刘文豪　彭小雨　李昀蔚　魏海霖　张　鑫　邢家华　武俣衡　刘晓宇

复旦大学

臧少平　俞尚哲　王依涵　徐天阳　郝兆宽　袁皓月　张嘉诚　房婷婷

绘图

宋晨薇　俞春媛

照片来源及数量（张）

刘文亮（115）、何鑫（107）、薄顺奇（71）、刘俊甫（35）、顾云芳（28）、宋晨薇（26）、陆剑夏（20）、韦铭（15）、唐继荣（8）、吴元奇（5）、臧少平（5）、郭光普（4）、刘莹（4）、王吉衣（3）、刘洁芸（2）、姚力（2）、俞尚哲（2）、陈雨茜（1）、华攀玉（1）、沈桃艳（1）、张斌（1）、赵军（1）、周佳俊（1）

序

野生动物是大自然进化的奇迹,与人类有着极为密切的联系,并成为人类文明和文化传承的重要载体。但对许多生活在大都市的人来说,野生动物似乎与他们相距遥远。他们对野生动物的认识,可能主要来自动物园的展出动物与展板介绍、科普图书,或电视和网络中的多媒体影像。实际上,只要大家稍加留意,便会发现很多野生动物就生活在身边,例如各种野生鸟类。即使对上海这样一个人口密集、经济发达、建筑林立的国际化大都市,市区仍然生存着多种多样的野生动物。特别是近年来,随着生态建设不断推进,城市环境明显改善,上海成了越来越多野生动物繁衍生息的家园。

在城市中,高校的校园是野生动物重要的栖息场所。上海市有70多所高校,其校园不仅面积很大,通常植被繁茂、绿树成荫、植物丰富、层次明显、食物充足,而且人为捕捉少,非常适宜野生动物栖息。然而,我们对高校校园内野生动物的具体情况一直缺乏充分的了解。与此同时,高校里却活跃着许多对生物、环境充满浓厚兴趣的环保社团,他们希望能全面认识生活在身边的野生动物。于是,上海部分高校的环保社团在上海市绿化和市容管理局的支持下,联合开展了三年多的校园野生动物调查。

在高校开展野生动物调查,可以增进师生对校园生态环境的深入了解,提高师生的生态伦理水平与保护意识,并通过延伸到全社会，推动公众科学和生态文明的普及。华东师范大学等高校还结合校园野生动物调查开设观鸟课程，使得这种活动朝着专业化方向发展。许多高校的学生社团，如复旦大学的翼缘社、华东师范大学的爱鸟俱乐部、同济大学的绿巨人协会和上海应用技术大学的自然科普社，通过参与野生动物调查活动，自身得到了发展，也为校园文化注入新的活力。

刘文亮等师生协调、组织或参与了此次上海高校校园野生动物调查，并汇总获得了第一手资料，出版了《校园野生动物调查手册：陆生脊椎动物》。书中不仅设置了相对固定的调查样线和样点，确定了统一、规范和标准的调查方法、操作要求与数据采集方式，还图文并茂地详细介绍了此次调查中记录到的159种陆生野生脊椎动物（包括逸生种）。本书不仅有助于高校师生认识和掌握校园野生脊椎动物现状，也为今后监测城市生物多样性及其环境变化奠定了基础。此外，它还是开展校园自然科学普及和环境教育活动非常实用的工具书。

基于此次调查的成果，建议高校相关部门在进行校园规划和建设时，不仅要从人的视角来美化校园，而且要考虑野生动物的需求，为它们保留或营建高质量的生境。只有这样，校园才既有“书香”和“花香”，又有“鸟语”和“蛙鸣”，野生动物能和人类共享城市生态建设的成果。

马志军

复旦大学教授、上海市动物学会副理事长

2022年6月30日

前 言

作为华东地区的教育中心之一，上海拥有大学等高等院校（简称高校）70多所，其中，许多高校坐落在城市核心区域或重要位置，校园绿化历史长，有些校区甚至拥有一些宝贵的次生林，植被覆盖率较高，这样良好的环境为野生动物的生存提供了必要的条件。近年来，貉、华南兔、黄鼬等野生动物不断在上海高校校园内出现，表明高校校园已成为野生动物重要的栖息场所和城市生物多样性的重要载体。同时，这些校园中的野生动物，也给广大师生和其他城市居民提供了在身边接受自然教育的机会。

为了摸清上海高校校园中的重要野生动物组成，由上海市绿化和市容管理局（上海市林业局）发起、华东师范大学负责组织执行的“上海市中心城区典型生态系统（大学校园）综合物种监测专项”于2015年正式启动，调查工作延续至2019年。该专项选择华东师范大学（中北校区、闵行校区）、复旦大学（邯郸校区、江湾校区）、同济大学（四平路校区）、上海交通大学（闵行校区）、上海应用技术大学（徐汇校区、奉贤校区）、上海师范大学（奉贤校区）、上海海洋大学（临港校区）、上海海事大学（临港校区）共8所大学的11个校区作为上海高校校园的代表；每所参与调查的大学都形成相对稳定的调查团队，采用统一、标准的调查规程，旨在积累作为城市生态系统重要组成部分的高校校园的旗舰动物类群(两栖类、爬行类、鸟类和哺乳类)的物种组成、时空分布，以及这些动物对生境(又称栖息地)的响应等基础数据；分析城市生态系统作为野生动物生境的价值，并依据监测结果对生境改造提供科学建议。华东师范大学等几所高校还针对相关专业，开设了以大学校园为观察、记录和探究地点的本科生课程，促进了校园生物多样性研究的发展。

本手册总结了专项调查的成果，并结合广大动物工作者和自然爱好者近年来在各校区积累的其他数据，共收录了上海高校校园陆生野生脊椎动物159种，其中两栖类7种(含1个逸生种)、爬行类6种(含1个逸生种)、鸟类140种和哺乳类6种。各类群的分类系统、中文名、学名和英文名均参照最新的科学研究文献。

本手册的物种介绍中，"雄"和"雌"均指成体，当未具体区分时雌雄形态相近；"校区分布"和"常见度"所涵盖的地点范围仅限上述专项调查所选择的上海市8所大学的11个校区，以及迄今为止在这些校区发现的物种出现概率。对鸟类来说，虹膜、喙和脚的颜色是重要且易分辨的野外识别特征，本手册一般将这3个部位(主要是成鸟)的描述一起放在前面，紧跟在整体介绍之后(少数鸟类根据实际需要而调整)，便于读者在野外使用；对鸟类体型大小的表述(较小、中等、较大等)为同类(科、亚科或属内)不同物种间相对大小，具体以实际平均体长为准。为表述的简便，相关大学及其校区在必要时分别简称为"华东师大(中北、闵行)""复旦大学(邯郸、江湾)""同济大学(四平路)""上海交大(闵行)""上应大(徐汇、奉贤)""上师大(奉贤)""上海海洋(临港)""上海海事(临港)"，在此特别说明。根据专项调查中记录到的频次，

并结合相关文献，“常见度”被粗略地从高到低划分为常见、多见、少见、偶见、罕见共5个等级。

本手册涉及的调查工作主要由上海市绿化和市容管理局的“上海市中心城区典型生态系统（大学校园）综合物种监测专项”和“2019年度华东师范大学文化建设项目”支持，出版经费由“2019年度华东师范大学文化建设项目”资助。感谢华东师范大学生命科学学院唐思贤高级工程师对调查工作的指导，上海市绿化和市容管理局刘雨邑女士为“校园动物救助常识”部分提供重要资料，上海野鸟会姚力先生和世界自然基金会施雪莲女士协助征集部分照片，上海科学技术出版社唐继荣博士提供的宝贵建议，以及社会各界热心人士提供的帮助。由于此项工作尚处于探索阶段，可能存在不全面或欠妥之处，恳请广大读者批评指正，以便今后更新和完善。

编者

壬寅年惊蛰于樱桃河畔

家燕

铜蓝鹟

目录

目　录

饰纹姬蛙

多疣壁虎

红胁蓝尾鸲

黄鼬

中白鹭

基础知识

INTRODUCTION

校园主要生境类型

上海是华东地区的教育中心之一，在2021年时拥有大学等高等院校74所，在校大学生和研究生约90万人（上海市教委，2022）。这些高校的校园分布在城市许多区域（尤其是城市的核心区域），不仅总面积很大，而且往往绿化历史长，或拥有一些宝贵的次生林，因而植被覆盖率高、生境类型多样。

除教学楼、科研设施、水泥道路等人工建筑设施外，林地、灌丛、草坪、湿地（河流、湖泊、池塘等水体及其周边环境）是上海高校校园主要的生境类型（图1.1）。此外，部分校园因教学和科研的需要，拥有一定面积的试验田、花圃等耕地。

林地（左侧为阔叶林，右侧为针叶林）

灌丛

草坪

湿地（河流）

图1.1　校园主要生境类型（除人工建筑设施外）

校园内的林地主要包括阔叶林和针叶林。阔叶林面积较大，构成群落的物种（乔木、灌木和草本）较为丰富，为各种动物提供了丰富的食物（花蜜、嫩叶、果实、种子、无脊椎动物等）；树林中的乔木较高，立体分层明显且高低搭配较合理，树冠层枝繁叶茂，林下层植物覆盖度高，为动物的隐蔽、筑巢（或打洞）、停息提供了丰富的微生境，因此鸟类等野生脊椎动物较多。针叶林虽然林冠可能也很茂密，但层次和物种构成都很简单，植株密度和林下覆盖度较低，食物和隐蔽条件较差，野生脊椎动物较少。此外，校园还有一些林地属针阔叶混交林，林中的野生脊椎动物组成和数量情况较为复杂，往往介于阔叶林与针叶林之间。

灌丛不仅有小乔木或灌木遮阴，而且下层往往杂草茂密，昆虫等无脊椎动物较多，从而为各种野生脊椎动物提供了丰富的食物和较好的微生境。

校园内草坪主要是用多年生矮小草本密植并经修剪的人工草地，往往空间层次极为简单，隐蔽条件差。不过，麻雀、珠颈斑鸠、乌鸫、灰椋鸟、八哥等鸟类常在草坪取食草籽或蚯蚓，有时中华蟾蜍、赤链蛇也藏身其中。

河流、池塘等水体及其滨岸构成的湿地是野生脊椎动物多样性较丰富的区域。蛙类、龟类经常在湿地活动、觅食和繁殖，而鸟类（鹭类、普通翠鸟、黑水鸡等）、蛇类（赤链蛇和黑眉锦蛇）以及黄鼬，则来此捕食蛙类和水生动物。

陆生脊椎动物概述

陆生脊椎动物是一大类主要用肺呼吸的脊椎动物的泛称。它们在动物分类学上属脊索动物门脊椎动物亚门四足超（总）纲，包括4个纲，分别为两栖纲、爬行纲、鸟纲和哺乳纲（兽纲），其中两栖纲和爬行纲的物种经常合称两栖爬行类，简称两爬类。陆生脊椎动物与人类的关系极为密切，是城市生态系统中的旗舰类群。

两栖纲概述

两栖纲的物种（两栖类）皮肤裸露且富含腺体，无鳞片和毛发，骨骼的骨化程度弱，是一些在个体发育中经历幼体水生和成体水陆兼栖生活的变温动物，也是脊椎动物由水生向陆生的过渡类群。该类群已具备在陆地生存的身体结构，但繁殖和幼体发育必须在淡水中进行：幼体形态似鱼，用鳃呼吸，有侧线，依靠尾鳍游泳，需经变态才能上陆生活。现生两栖类6 770余种，除南极洲和海洋性岛屿外，遍布全球；我国有515种（王剀等，2020）。

按体型，两栖类可划分为3种类型：① 蚓螈型，即蚓螈目的物种的体型，身体细长，眼和四肢退化，尾短或无；② 鲵螈型，即有尾目的物种的体型，身体圆筒形，四肢短小但强健，尾发达；③ 蛙蟾型，即无尾目的物种（无尾类）的体型，成体无尾（图1.2）。其中，无尾类在上海高校校园多有分布。

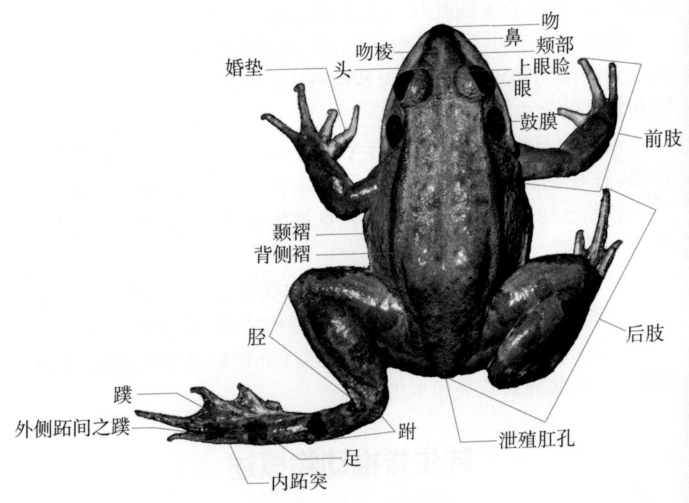

图1.2　蛙蟾型身体模式

爬行纲概述

爬行纲的物种（爬行类）是一些皮肤干燥、缺乏腺体，体表具角质鳞或硬甲，在陆地繁殖的变温羊膜动物，也是更高等的恒温羊膜动物（鸟类和哺乳类）的演化原祖。现生爬行类6 550余种，除南极洲外遍布全球；我国有511种（王剀等，2020）。

按体型，爬行类可划分为3种类型：① 蜥蜴型，涉及喙头蜥目、有鳞目蜥蜴亚目和鳄目，大部分物种前后肢和尾发达（图1.3）；② 蛇型，即有鳞目蛇亚目的物种的体型，体呈圆筒形，无四肢和胸骨，用腹部爬行（图1.4）；③ 龟鳖型，即龟鳖目的物种的体型，身体宽短，以硬壳保护身体，壳的内层为骨质板，而外层为角质甲或革质皮（图1.5、图1.6）。其中，龟鳖目和有鳞目的物种在上海高校校园有分布。

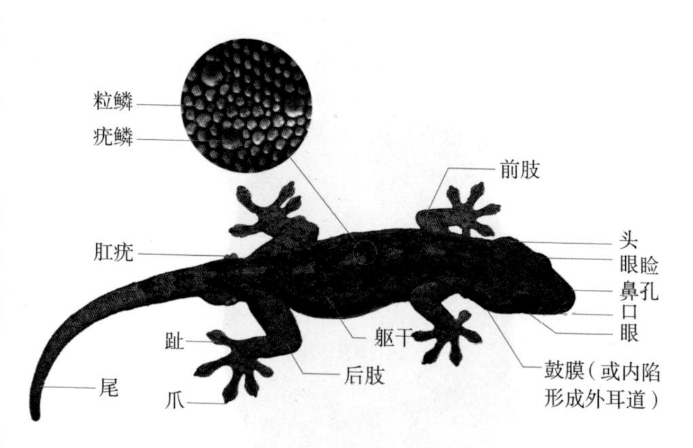

图1.3　蜥蜴型身体模式

图1.4　蛇型身体模式

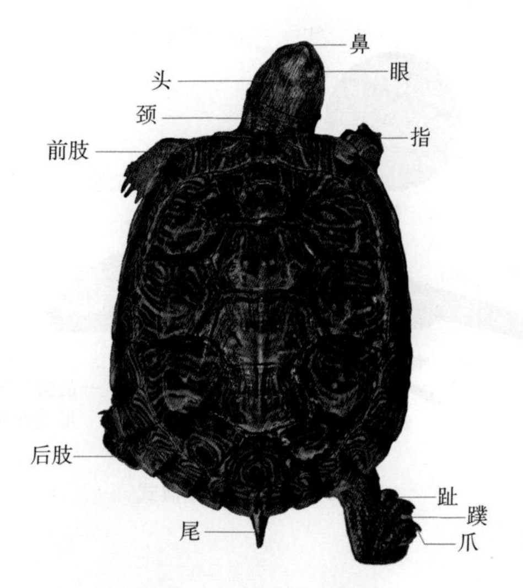

图1.5　龟鳖型身体模式

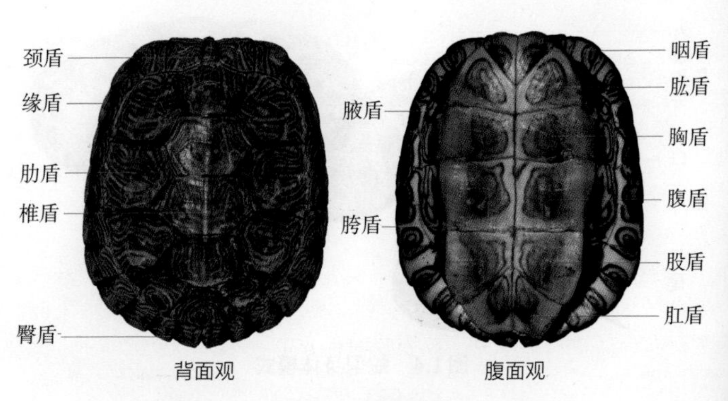

图1.6　龟盾模式

鸟纲概述

鸟纲的物种（鸟类）是一些体表被覆羽毛、恒温和卵生的高等脊椎动物，前肢成翼（有时退化），多营飞翔生活（图1.7—1.9）。现生鸟类约10 634种，遍布全球；我国有1 470种（郑光美，2021）。

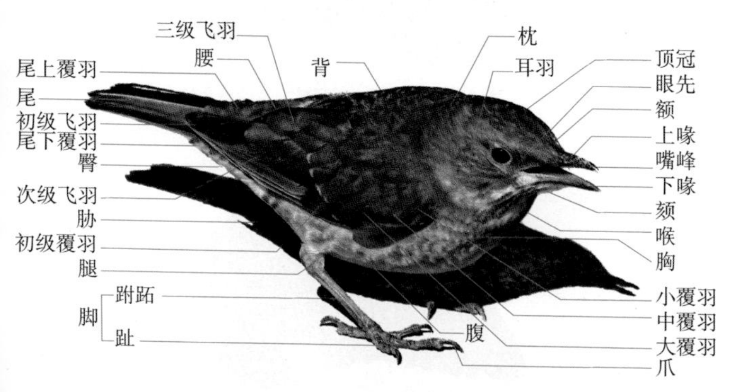

图1.7　鸟类身体模式

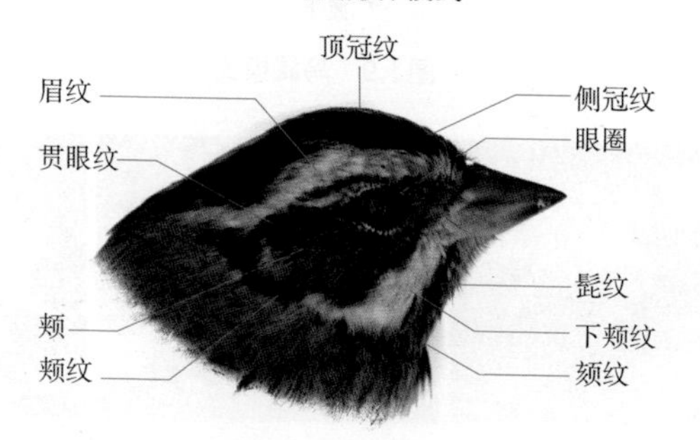

图1.8　鸟头模式

按习性，鸟类分为走禽、陆禽、涉禽、游禽、猛禽、攀禽、鸣禽共7种生态类型，每种类型有相应的形态（图1.10）。除走禽外，其他生态类型的鸟类在上海高校校园均有分布。

走禽　多数体型巨大；脚长而强健，后趾退化或消失，爪钝，善奔走；翼（翅膀）退化或只剩痕迹，胸无龙骨突，不能飞行。走禽包括非洲鸵鸟、鹤鸵、鸸鹋、美洲鸵鸟等。

陆禽　后肢强壮，适于在地面行走；喙强壮且多为弓形，适于

图1.9　鸟翼模式

图1.10　鸟类的生态类型及其典型种类

啄食，主要在地面取食。陆禽包括鸡形目（如雉科）、沙鸡目（仅沙鸡科）和鸽形目（仅鸠鸽科）的所有种。

涉禽　适应在浅水或岸边生活的鸟类，喜涉水觅食，通常喙、颈和腿长于其他鸟类生态类群；大多具长途飞行能力，有迁徙习性。常见涉禽有鹭类、鹳类、鹤类、鹮类、秧鸡、鸨类、鸻鹬类等。

游禽　适应游泳或潜水的鸟类，腿短而侧扁，趾间有发达的蹼，擅长划水，但步行笨拙；多数善于长途飞行，有迁徙习性。游禽包括潜鸟、䴙䴘、鹈鹕、雁类、野鸭、天鹅、鸥类等。

猛禽　凶猛的肉食性鸟类，喙强健有力，边缘锋利，末端钩曲；腿粗壮，趾末端具弯曲的利爪，有利于抓捕猎物；以中小型哺乳类、鸟类、两栖类、爬行类、鱼类和昆虫为食。常见的猛禽有鹰、雕、鹫、隼、鸮等。

攀禽　典型林鸟，适应树栖生活，擅长攀缘，腿短而弱，足型和喙型多样。攀禽有鹦鹉、杜鹃、雨燕、翠鸟、犀鸟、啄木鸟等。

鸣禽　善于鸣唱的中小型鸟类，大多喜欢树栖，能在树枝间灵活地跳跃和穿飞。鸣禽占现存鸟类一半以上，常见种类有燕、鹡鸰、鹨、鹎、鸫、鸲、莺、鹟、鹛、山雀、太阳鸟、伯劳、椋鸟、鹊、鸦、雀、鹀等。

哺乳纲概述

哺乳类（哺乳纲的物种）因能通过乳腺分泌乳汁给幼体哺乳而得名，多数全身被毛、运动快速、恒温、胎生，是脊椎动物中身体结构、功能、行为最复杂的最高级类群，又称兽类（图1.11、图1.12）。现生哺乳类6 390余种，除南极、北极的中心和大洋上

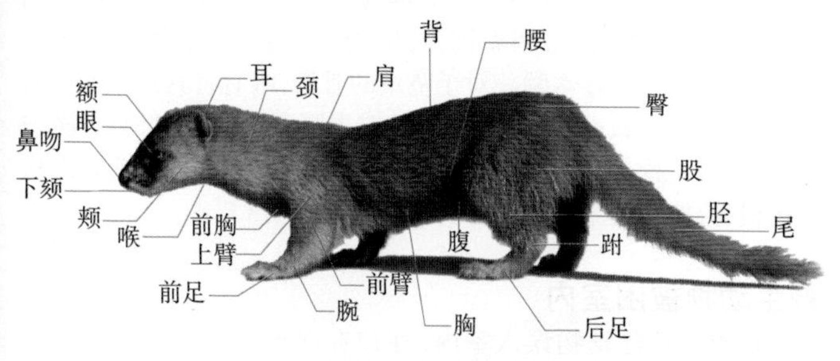

图1.11　地面活动的哺乳类身体模式

的个别岛屿外，几乎遍布全球；我国有694种（魏辅文，2022）。上海高校校园分布的野生哺乳类有东北刺猬、东亚伏翼、黄鼬、家鼠等。

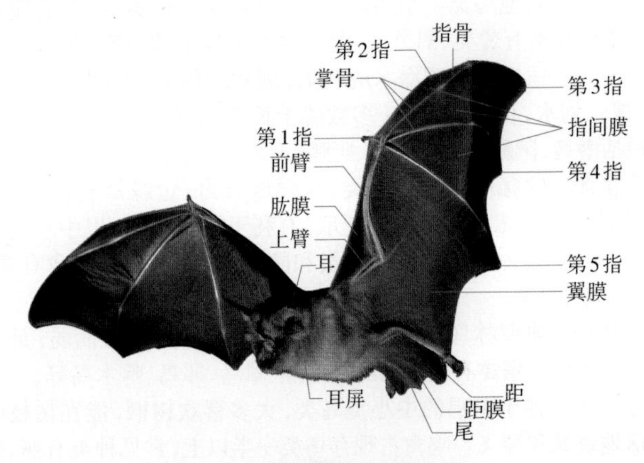

图1.12　飞行的哺乳类身体模式

校园动物救助常识

雏鸟急救

春末夏初，多数野生鸟类进入忙碌的繁殖期。由于许多鸟类筑巢在较高的树枝或墙壁上，因此可能会发生尚未掌握飞行技能的雏鸟坠巢的事故。

如果有人在校园里遇到一只满身绒毛，甚至还有黄色嘹角的雏鸟，切忌一时冲动带回家饲养，因为只有亲鸟才能教会雏鸟觅食、躲避天敌等生存本领。对于坠巢的雏鸟，唯有将其送回亲鸟的身边，才能实现救助它的目的。他（或志愿者）可在做好自身防护（尤其是避免病原体传播）的前提下，使用塑胶手套、报纸或柔软的树枝等，按相关流程对雏鸟实施救助（图1.13）。

野生动物被困室内

蛇类等危险动物误入室内，住户在保护自己免受威胁的同时，不要惊慌失措地冒险捕捉和追打，应立即联系野生动物保护机

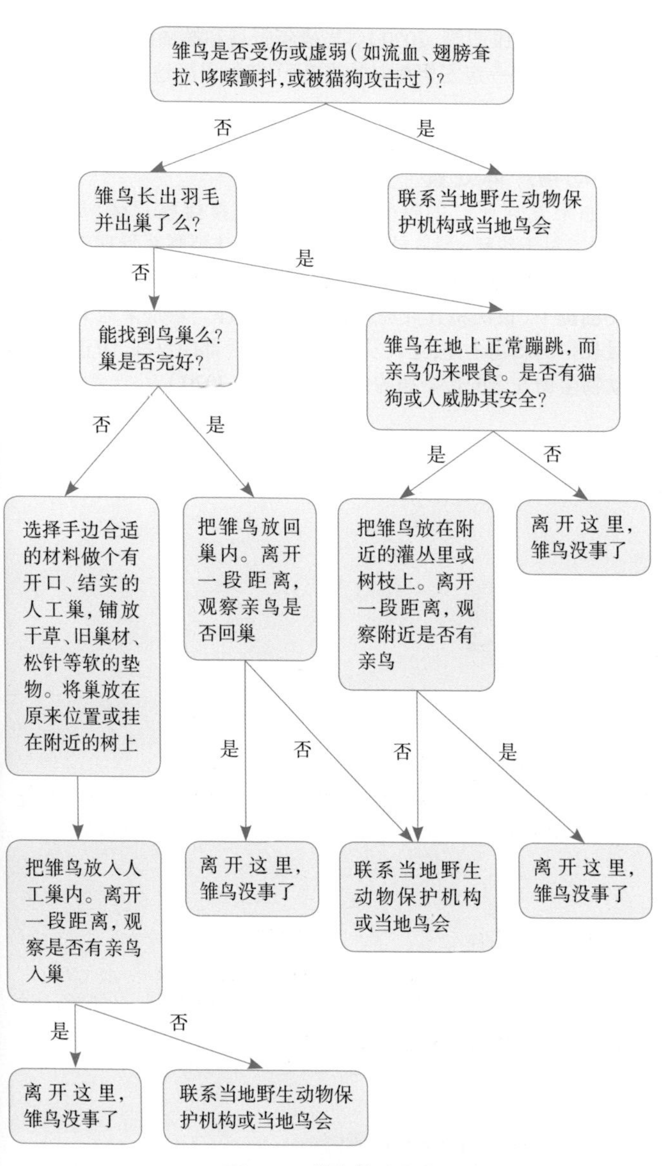
雏鸟是否受伤或虚弱（如流血、翅膀耷拉、哆嗦颤抖，或被猫狗攻击过）？
否
是
雏鸟长出羽毛并出巢了么？
联系当地野生动物保护机构或当地鸟会
否
是
能找到鸟巢么？巢是否完好？
雏鸟在地上正常蹦跳，而亲鸟仍来喂食。是否有猫狗或人威胁其安全？
否
是
是
否
选择手边合适的材料做个有开口、结实的人工巢，铺放干草、旧巢材、松针等软的垫物。将巢放在原来位置或挂在附近的树上
把雏鸟放回巢内。离开一段距离，观察亲鸟是否回巢
把雏鸟放在附近的灌丛里或树枝上。离开一段距离，观察附近是否有亲鸟
离开这里，雏鸟没事了
是
否
否
是
把雏鸟放入人工巢内。离开一段距离，观察是否有亲鸟入巢
离开这里，雏鸟没事了
联系当地野生动物保护机构或当地鸟会
离开这里，雏鸟没事了
是
否
离开这里，雏鸟没事了
联系当地野生动物保护机构或当地鸟会

图1.13　雏鸟救助流程

构进行处理（康茜等，2020）。当成年野鸟和蝙蝠误入室内时，住户应该在确保一定安全距离的前提下及时、安静地打开门窗，让它们自由离去。

野生动物尸体处置

如果发现死亡的野生动物，不要直接接触尸体（康茜等，2020）。对于珍稀、濒危或受保护的物种，建议联系管理部门和科研机构进行标本处理和研究。对于其他动物，建议在做好自身防护的前提下，设法将其焚烧或是消毒后深埋。若是某地突然出现大量死亡的动物个体，建议及时向当地疾控部门反映，防止危害人或动物生命安全的传染病的传播（康茜等，2020）。

调查方案

INVESTIGATION PLAN

固定调查样线与样点设置

每个选定的校区设置一条固定的调查样线，赋予其特定的代号，一般是“校名简称+校区简称”组合的汉语拼音首字母缩略词。例如，华东师范大学中北校区的调查样线代号为“HSZB”，这是“华师中北”汉语拼音首字母缩略词。

沿样线设置10～18个固定的调查位点（样点），分别赋予特定且连续的数字编号（样点编号）。

样线和样点的设置原则：① 每条样线及其样点覆盖该校区主要生境类型（包括人工建筑设施）；② 所有样线和样点覆盖城市校园主要生境类型，其中包括林地（阔叶林、针叶林、针阔混交林）、灌丛、草坪、湿地（河流、湖泊、池塘等），以及建筑、耕地（旱地、水田）等。

各校区的样线代号、样点编号、位置等详细信息参见图2.1—2.11和表2.1—2.11。

调查内容

陆生脊椎动物信息

调查对象主要为校园内样线上的陆生野生脊椎动物，包括两栖类、爬行类、鸟类和兽类（哺乳类）；记录它们的种类、数量、生境、某些重要的行为，填入相应的《调查数据表》中（见附表）。如果样线周围出现严重影响野生动物分布和活动的干扰，包括（但不限于）施工、生境剧烈改变和引起野生动物非正常聚集的喂食，则作为野生动物个体（或最近的固定样点）的干扰源进行记录。

如果在调查时间之外，在校园内（特别是样线上）发现以前的调查尚未记录到的陆生野生脊椎动物物种，则把该物种作为补充材料（定性数据）列入校园物种名录，但不记录数量。

驯养的动物和流浪猫狗不属于调查对象。如果它们在某个地点出现很多，或明显捕杀陆生野生脊椎动物，则作为一种干扰类型填入表中相应的栏中，以帮助分析陆生野生脊椎动物分布的变化，解释种群的动态。

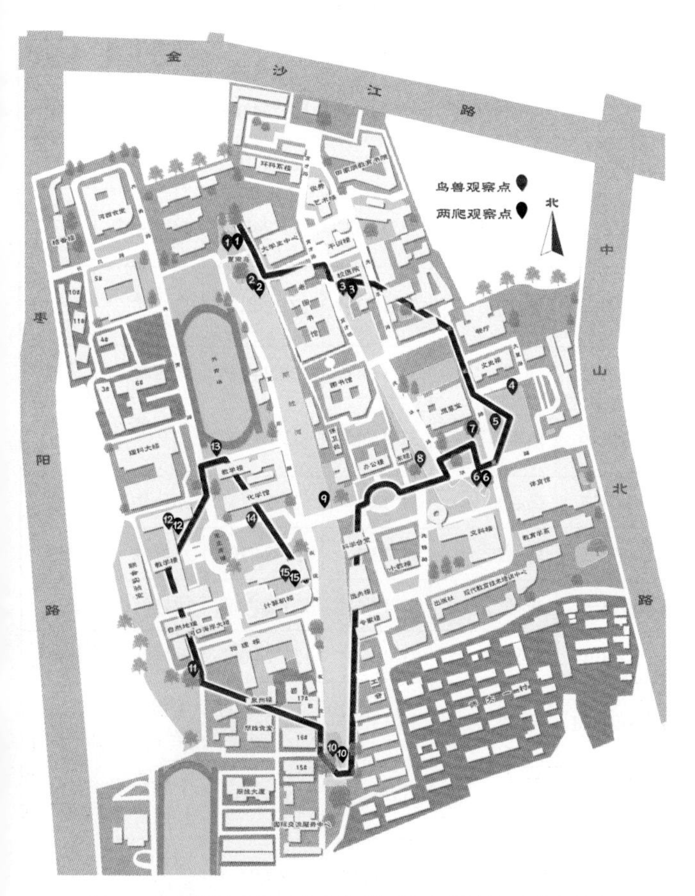

图2.1　华东师范大学中山北路校区调查样线及其样点分布

图中红棕色路线为固定样线，路线旁边的数字为固定的样点编号（隐去样线代号），具体信息详见相应的样线表格。

其他10个校区的样线及其样点分布照此处理（路线颜色有差异），不再累述。

表 2.1　华东师范大学中山北路校区调查样线的样点信息

样点编号	主要调查类群[①]	参考坐标（N）	参考坐标（E）	位置描述	主要生境[②]
HSZB-1	两爬、鸟、兽	31°13′54″	121°24′00″	夏雨岛	林地
HSZB-2	两爬、鸟、兽	31°13′51″	121°24′1″	丽娃河北	林地
HSZB-3	两爬、鸟、兽	31°13′52″	121°24′7″	校医院旁	林地、湿地
HSZB-4	鸟、兽	31°13′48″	121°24′15″	文史楼大草坪	草坪
HSZB-5	鸟、兽	31°13′47″	121°24′12″	银杏林	林地
HSZB-6	两爬、鸟、兽	31°13′45″	121°24′14″	文科楼花园	林地、湿地
HSZB-7	鸟、兽	31°13′47″	121°24′13″	办公楼东	林地
HSZB-8	鸟、兽	31°13′46″	121°24′10″	水杉林	林地
HSZB-9	两爬	31°13′44″	121°24′06″	丽娃河中	湿地
HSZB-10	两爬、鸟、兽	31°13′33″	121°24′06″	丽娃河南	林地
HSZB-11	鸟、兽	31°13′37″	121°23′58″	生物站草坪	草坪
HSZB-12	两爬、鸟、兽	31°13′43″	121°23′58″	生物馆水杉林	林地
HSZB-13	鸟、兽	31°13′46″	121°23′59″	理科大楼草坪	草坪
HSZB-14	鸟、兽	31°13′43″	121°24′01″	毛主席像东侧草坪	草坪
HSZB-15	两爬、鸟、兽	31°13′41″	121°24′02″	电镜室旁	林地

注：① 若发现主要调查类群外的陆生野生脊椎动物，需将种名作为定性数据记录在“其他”栏中。（下同）

② 若某个样点及其附近涉及多种生境，则按相对面积比例，从高到低排序。（下同）

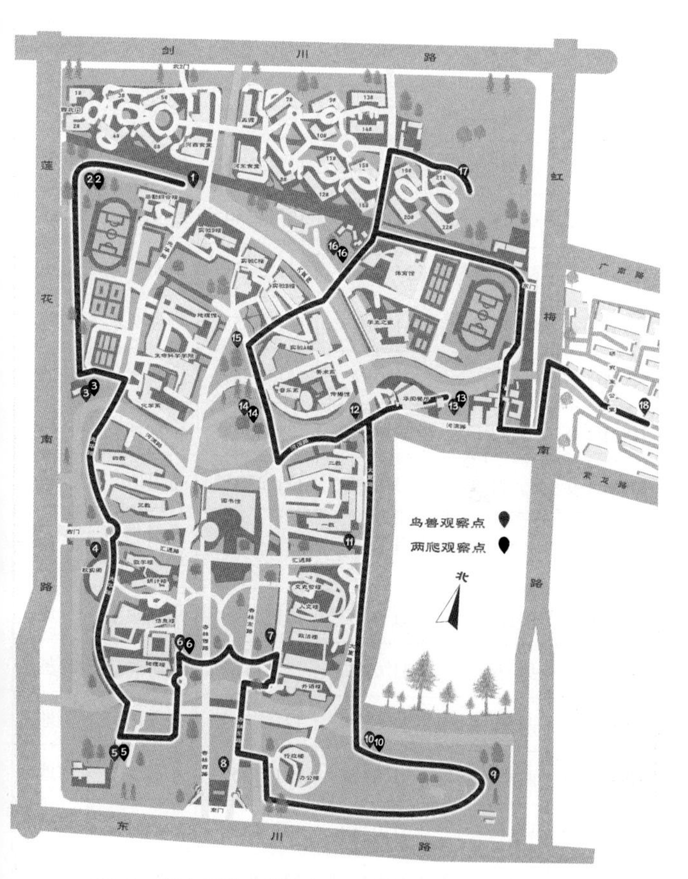

图2.2　华东师范大学闵行校区调查样线及其样点分布

表 2.2　华东师范大学闵行校区调查样线的样点信息

样点编号	主要调查类群	参考坐标（N）	参考坐标（E）	位置描述	主要生境
HSMH-1	鸟、兽	31°02′08″	121°26′39″	后勤综合楼旁	林地
HSMH-2	两爬、鸟、兽	31°02′08″	121°26′35″	西操场旁	湿地
HSMH-3	两爬、鸟、兽	31°01′56″	121°26′39″	网球场旁	草坪
HSMH-4	鸟、兽	31°01′47″	121°26′44″	秋实阁旁	草坪
HSMH-5	两爬、鸟、兽	31°01′38″	121°26′51″	尚义桥旁	湿地
HSMH-6	两爬、鸟、兽	31°01′43″	121°26′53″	物理楼东	林地
HSMH-7	鸟、兽	31°01′47″	121°26′59″	法商楼旁	林地
HSMH-8	鸟、兽	31°01′39″	121°26′58″	银杏林	林地
HSMH-9	鸟、兽	31°01′44″	121°27′18″	备用地1	灌丛
HSMH-10	两爬、鸟、兽	31°01′42″	121°27′08″	办公楼草坪	草坪
HSMH-11	鸟、兽	31°01′53″	121°26′59″	图书馆东	林地
HSMH-12	鸟、兽	31°02′00″	121°26′59″	文脉廊	灌丛
HSMH-13	两爬、鸟、兽	31°02′04″	121°27′07″	停车场旁	湿地
HSMH-14	两爬、鸟、兽	31°01′58″	121°26′52″	小岛	林地
HSMH-15	鸟、兽	31°02′01″	121°26′49″	樱桃林旁	草坪
HSMH-16	两爬、鸟、兽	31°02′10″	121°26′51″	生物站	耕地
HSMH-17	鸟、兽	31°02′17″	121°26′58″	备用地2	建筑
HSMH-18	鸟、兽	31°02′08″	121°27′21″	研究生公寓旁	湿地

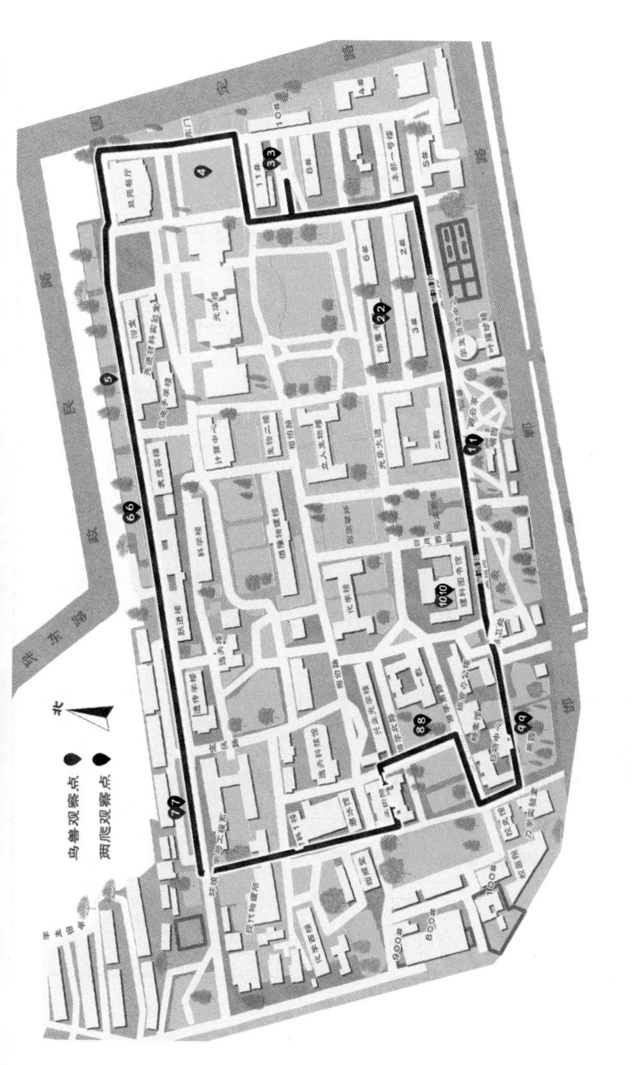

图2.3　复旦大学邯郸校区调查样线及其样点分布

表 2.3　复旦大学邯郸校区调查样线的样点信息

样点编号	主要调查类群	参考坐标（N）	参考坐标（E）	位置描述	主要生境
FDHD-1	两爬、鸟、兽	31°17′57″	121°30′01″	曦园	林地、湿地
FDHD-2	两爬、鸟、兽	31°18′01″	121°30′05″	任重书院	林坪
FDHD-3	两爬、鸟、兽	31°18′06″	121°30′09″	11号楼小草坪	草坪
FDHD-4	鸟、兽	31°18′08″	121°30′08″	东门口旁	林地
FDHD-5	鸟、兽	31°18′23″	121°30′39″	本北高速东	林地
FDHD-6	两爬、鸟、兽	31°18′09″	121°29′57″	本北高速中	林地
FDHD-7	两爬、鸟、兽	31°18′18″	121°30′22″	本北高速西	林地
FDHD-8	两爬、鸟、兽	31°17′56″	121°29′47″	子彬楼草坪	草坪
FDHD-9	两爬、鸟、兽	31°17′53″	121°29′49″	燕园	林地、湿地
FDHD-10	两爬、鸟、兽	31°17′55″	121°29′55″	理科图书馆旁	林地

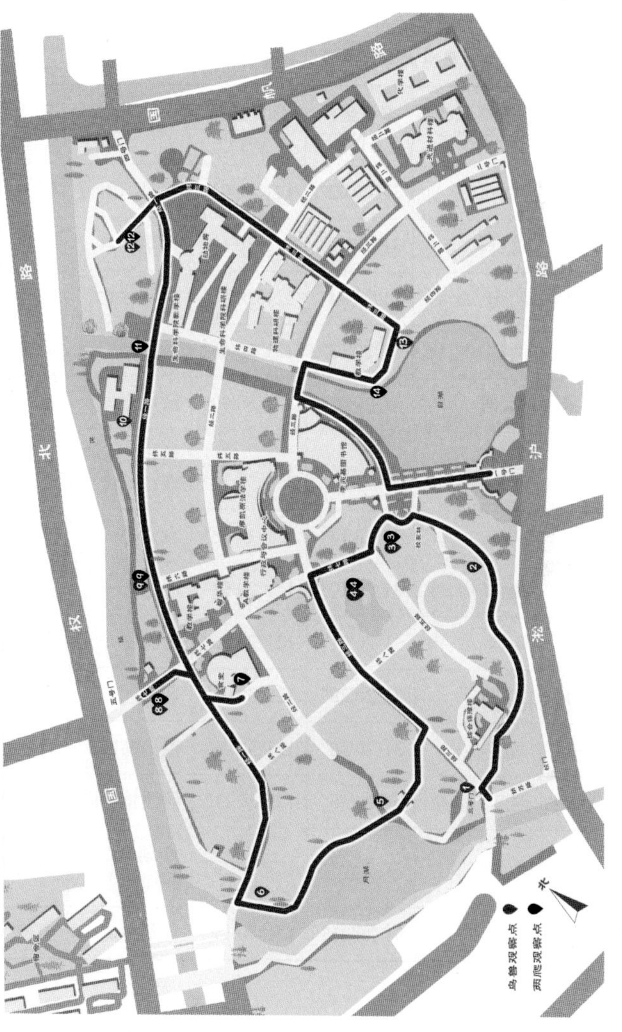

图2.4 复旦大学江湾校区调查样线及其样点分布

表 2.4　复旦大学江湾校区调查样线的样点信息

样点编号	主要调查类群	参考坐标（N）	参考坐标（E）	位置描述	主要生境
FDJW-1	鸟、兽	31°20′02″	121°30′03″	三号门附近	林地
FDJW-2	鸟、兽	31°20′10″	121°30′12″	大草坪东	草坪
FDJW-3	两爬、鸟、兽	31°20′14″	121°30′11″	大草坪北	草坪
FDJW-4	两爬、鸟、兽	31°20′13″	121°30′06″	荷花池	湿地
FDJW-5	鸟、兽	31°20′05″	121°30′00″	清水台	湿地
FDJW-6	鸟、兽	31°20′06″	121°29′51″	绕校水系西南	湿地
FDJW-7	两爬	31°20′14″	121°29′58″	食堂旁	草坪
FDJW-8	两爬、鸟、兽	31°20′17″	121°29′53″	小桥	湿地
FDJW-9	两爬、鸟、兽	31°20′21″	121°29′56″	堰头南	林地
FDJW-10	鸟、兽	31°20′28″	121°30′01″	堰头北	林地
FDJW-11	两爬	31°20′30″	121°30′06″	经一纬四	林地
FDJW-12	两爬、鸟、兽	31°20′36″	121°30′11″	明溪植物园	林地
FDJW-13	鸟、兽	31°20′23″	121°30′22″	日湖北（经四纬三）	湿地
FDJW-14	两爬	31°20′21″	121°30′15″	日湖西北	湿地

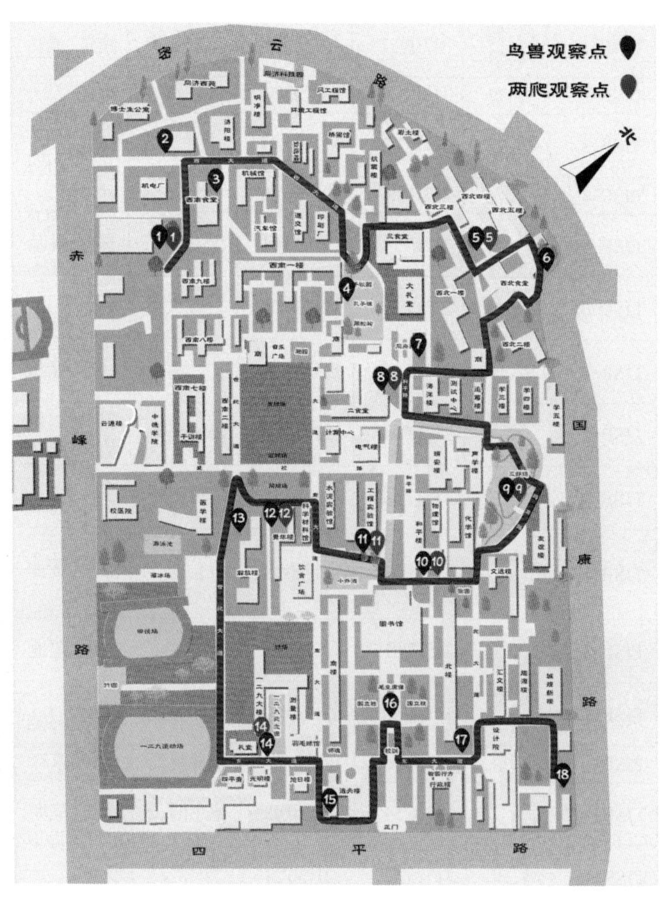

图2.5 同济大学四平路校区调查样线及其样点分布

表 2.5　同济大学四平路校区调查样线的样点信息

样点编号	主要调查类群	参考坐标（N）	参考坐标（E）	位置描述	主要生境
TJSP–1	两爬、鸟、兽	31°16′57″	121°29′54″	停车场旁	建筑、灌丛
TJSP–2	鸟、兽	31°17′00″	121°29′50″	博士小区	林地
TJSP–3	鸟、兽	31°17′02″	121°29′57″	西南食堂北	林地
TJSP–4	鸟、兽	31°17′04″	121°30′00″	孔丘顶部	林地
TJSP–5	两爬、鸟、兽	31°17′11″	121°30′01″	黑森林	林地、灌丛
TJSP–6	鸟、兽	31°17′11″	121°30′05″	西北食堂北	林地
TJSP–7	鸟、兽	31°17′06″	121°30′04″	大礼堂东广场	林地、灌丛
TJSP–8	两爬、鸟、兽	31°17′04″	121°30′06″	澡堂西侧	湿地、灌丛、林地
TJSP–9	两爬、鸟、兽	31°17′08″	121°30′12″	三好坞	林地
TJSP–10	两爬、鸟、兽	31°17′03″	121°30′13″	桥梁学家李国豪塑像旁	灌丛、草坪
TJSP–11	两爬、鸟、兽	31°17′01″	121°30′11″	二滩实验楼东北角	林地、湿地
TJSP–12	两爬、鸟、兽	31°16′58″	121°30′07″	青年楼西	林地
TJSP–13	鸟、兽	31°16′56″	121°30′06″	解放楼西	林地、草坪
TJSP–14	两爬、鸟、兽	31°16′54″	121°30′02″	纪念园	建筑、草坪
TJSP–15	鸟、兽	31°16′57″	121°30′21″	旭日楼东北	林地
TJSP–16	鸟、兽	31°16′59″	121°30′19″	毛主席像旁	草坪、林地
TJSP–17	鸟、兽	31°17′02″	121°30′21″	北楼东门前	林地、灌丛
TJSP–18	鸟、兽	31°17′05″	121°30′26″	综合楼北	林地

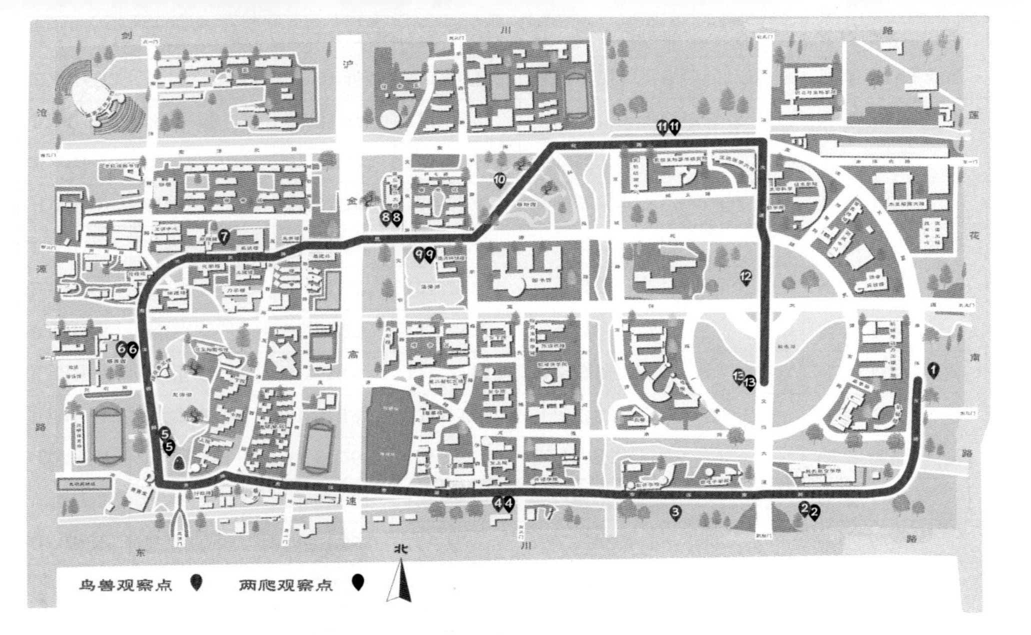

图 2.6　上海交通大学闵行校区调查样线及其样点分布

表 2.6　上海交通大学闵行校区调查样线的样点信息

样点编号	主要调查类群	参考坐标（N）	参考坐标（E）	位置描述	主要生境
JDMH-1	鸟、兽	31°01′46″	121°26′37″	东大门西南	草坪、林地
JDMH-2	两爬、鸟、兽	31°01′30″	121°26′31″	航空航天学院南	草坪
JDMH-3	鸟、兽	31°01′26″	121°26′19″	软件学院南	草坪、湿地
JDMH-4	两爬、鸟、兽	31°01′19″	121°25′59″	外语学院与学生公寓间南	林地、湿地
JDMH-5	两爬、鸟、兽	31°01′16″	121°25′31″	思源湖西南疏林	林地、草坪、湿地
JDMH-6	两爬、鸟、兽	31°01′22″	121°25′23″	撷英园	林地、草坪
JDMH-7	鸟、兽	31°01′32″	121°25′25″	环境楼东	林地、建筑
JDMH-8	两爬、鸟、兽	31°01′43″	121°25′40″	第三餐饮大楼南	林地、建筑、湿地
JDMH-9	两爬、鸟、兽	31°01′38″	121°25′47″	涵泽湖东北	湿地、林地
JDMH-10	鸟、兽	31°01′47″	121°25′52″	植物园	湿地、林地
JDMH-11	两爬、鸟、兽	31°01′57″	121°26′08″	系统生物医学研究院北	湿地、林地
JDMH-12	鸟、兽	31°01′46″	121°26′17″	宣怀大道与行政楼间绿化带	林地、灌丛、草坪
JDMH-13	两爬、鸟、兽	31°01′37″	121°26′21″	环一路东绿化带	林地、草坪、湿地

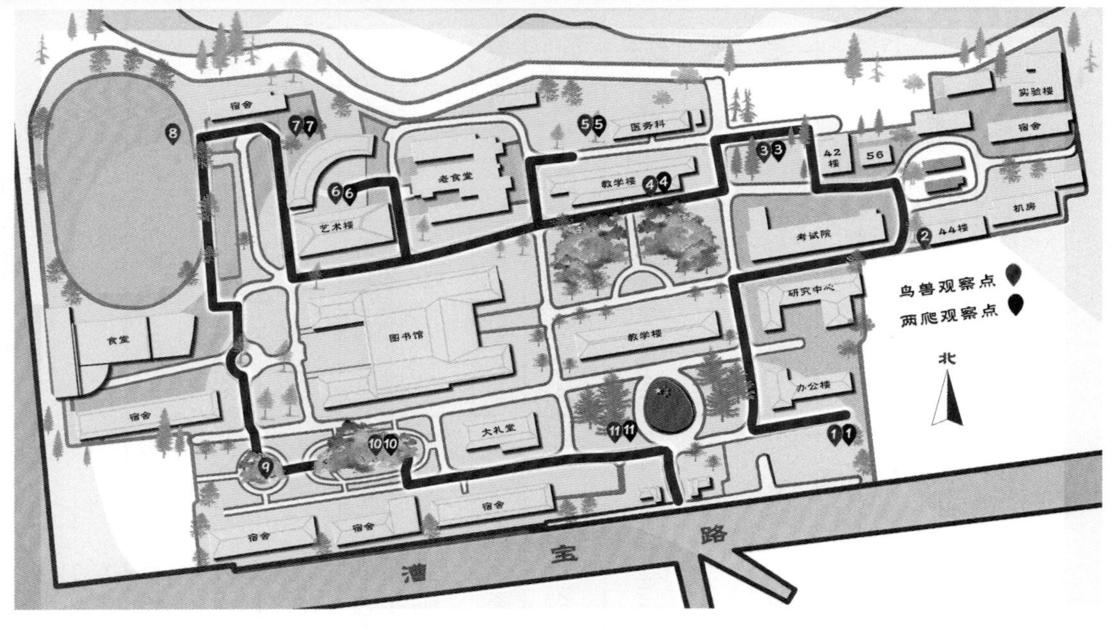

图 2.7　上海应用技术大学徐汇校区调查样线及其样点分布

表 2.7　上海应用技术大学徐汇校区调查样线的样点信息

样点编号	主要调查类群	参考坐标（N）	参考坐标（E）	位置描述	主要生境
SYDXH-1	两爬、鸟、兽	31°09′59″	121°25′14″	综合实验楼旁	林地
SYDXH-2	鸟、兽	31°09′57″	121°25′14″	计算机房西	林地
SYDXH-3	两爬、鸟、兽	31°09′55″	121°25′15″	考试院北	林地
SYDXH-4	两爬、鸟、兽	31°09′56″	121°25′18″	教学楼旁	林地、草坪
SYDXH-5	两爬、鸟、兽	31°09′55″	121°25′19″	医务楼旁	林地、灌丛
SYDXH-6	两爬、鸟、兽	31°09′56″	121°25′23″	艺术学院	林地
SYDXH-7	两爬、鸟、兽	31°09′55″	121°25′25″	学生公寓旁	草坪、灌丛
SYDXH-8	鸟、兽	31°09′55″	121°25′28″	操场	草坪
SYDXH-9	鸟、兽	31°10′00″	121°25′26″	宿舍区小花坛	林地、灌丛
SYDXH-10	两爬、鸟、兽	31°10′00″	121°25′24″	大礼堂西	林地、灌丛
SYDXH-11	两爬、鸟、兽	31°09′59″	121°25′19″	主大门旁	草坪

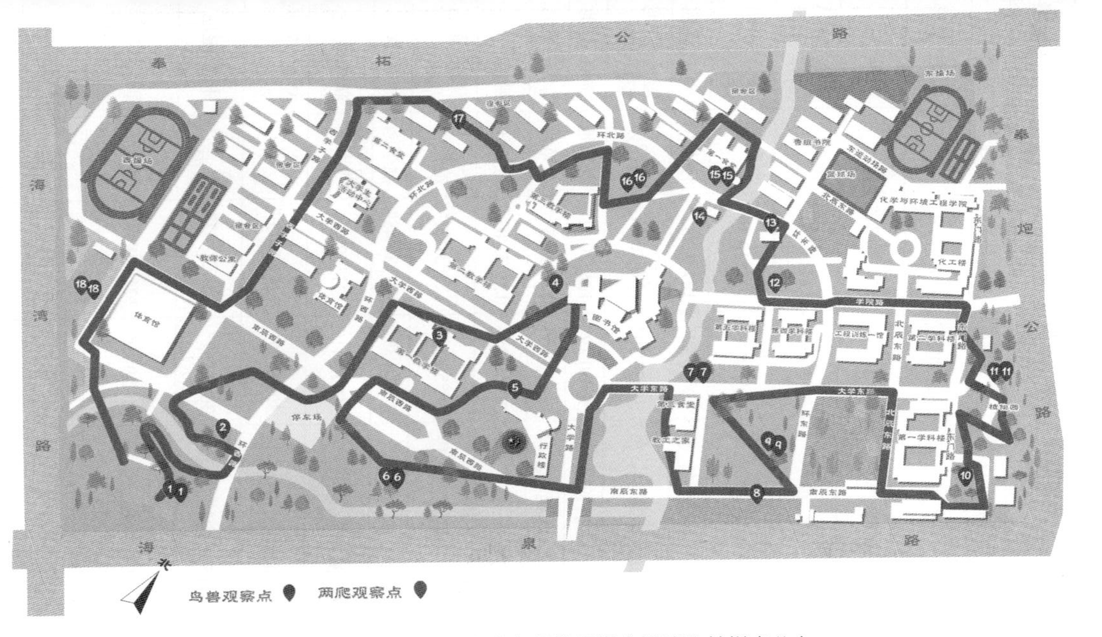

图2.8　上海应用技术大学奉贤校区调查样线及其样点分布

表 2.8　上海应用技术大学奉贤校区调查样线的样点信息

样点编号	主要调查种类	参考坐标（N）	参考坐标（E）	位置描述	主要生境
SYDFX-1	两爬、鸟、兽	30°50′18″	121°30′22″	芦苇地	湿地
SYDFX-2	鸟、兽	30°50′20″	121°30′24″	西南门旁	湿地、草坪
SYDFX-3	鸟、兽	30°50′28″	121°30′31″	第一教学楼旁	林地
SYDFX-4	鸟、兽	30°50′33″	121°30′36″	图书馆西	林地、灌丛草坪
SYDFX-5	鸟、兽	30°50′28″	121°30′39″	行政楼旁	灌丛、林地草坪
SYDFX-6	两爬、鸟、兽	30°50′22″	121°30′32″	停车场	草坪、湿地
SYDFX-7	两爬、鸟、兽	30°50′29″	121°30′44″	南门旁	湿地、林地灌丛、草坪
SYDFX-8	鸟、兽	30°50′29″	121°30′51″	萱草地	耕地、林地
SYDFX-9	两爬、鸟、兽	30°50′33″	121°30′53″	大草坪	草坪、湿地
SYDFX-10	鸟、兽	30°50′35″	121°31′03″	试验田	耕地
SYDFX-11	两爬、鸟、兽	30°50′39″	121°31′01″	植物园	林地、灌丛、草坪
SYDFX-12	鸟、兽	30°50′39″	121°30′48″	桃李园	林地、灌丛
SYDFX-13	鸟、兽	30°50′41″	121°30′46″	保卫楼旁	灌丛、林地
SYDFX-14	鸟、兽	30°50′37″	121°30′43″	图书馆北	湿地、草坪、灌丛、林地
SYDFX-15	两爬、鸟、兽	30°50′42″	121°30′42″	第一食堂南	林地、湿地
SYDFX-16	两爬、鸟、兽	30°50′39″	121°30′37″	第三教学楼东北	草坪
SYDFX-17	鸟、兽	30°50′37″	121°30′27″	12 号楼旁	林地、草坪
SYDFX-18	两爬、鸟、兽	30°50′22″	121°30′16″	体育馆西	草坪

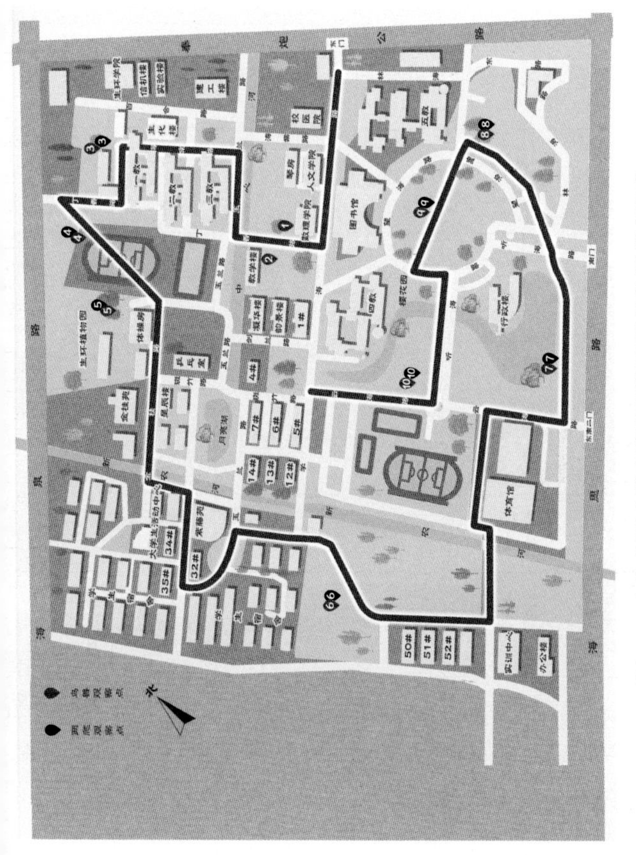

图2.9　上海师范大学奉贤校区调查样线及其样点分布

表 2.9　上海师范大学奉贤校区调查样线的样点信息

样点编号	主要调查类群	参考坐标（N）	参考坐标（E）	位置描述	主要生境
SSFX-1	鸟、兽	30°50′29″	121°30′55″	数理学院和琴房后	林地、草坪、灌丛、湿地
SSFX-2	鸟、兽	30°50′26″	121°30′49″	网球场与教职工宿舍间	草坪、林地
SSFX-3	两爬、鸟、兽	30°50′32″	121°30′54″	海棠路旁	林地
SSFX-4	两爬、鸟、兽	30°50′36″	121°30′46″	北操场小树林	林地、草坪、灌丛
SSFX-5	两爬、鸟、兽	30°50′30″	121°30′39″	生环植物园	林地、草坪、湿地、灌丛
SSFX-6	两爬、鸟、兽	30°50′12″	121°30′30″	旅专天象馆旁荒地	草坪、灌丛
SSFX-7	两爬、鸟、兽	30°50′11″	121°30′49″	行政楼后	林地、草坪、灌丛、湿地
SSFX-8	两爬、鸟、兽	30°50′21″	121°31′05″	第五教学楼旁	林地、灌丛、草坪
SSFX-9	两爬、鸟、兽	30°50′19″	121°30′57″	图书馆前	草坪、林地、湿地
SSFX-10	两爬、鸟、兽	30°50′17″	121°30′48″	云海路旁	湿地、草坪、林地

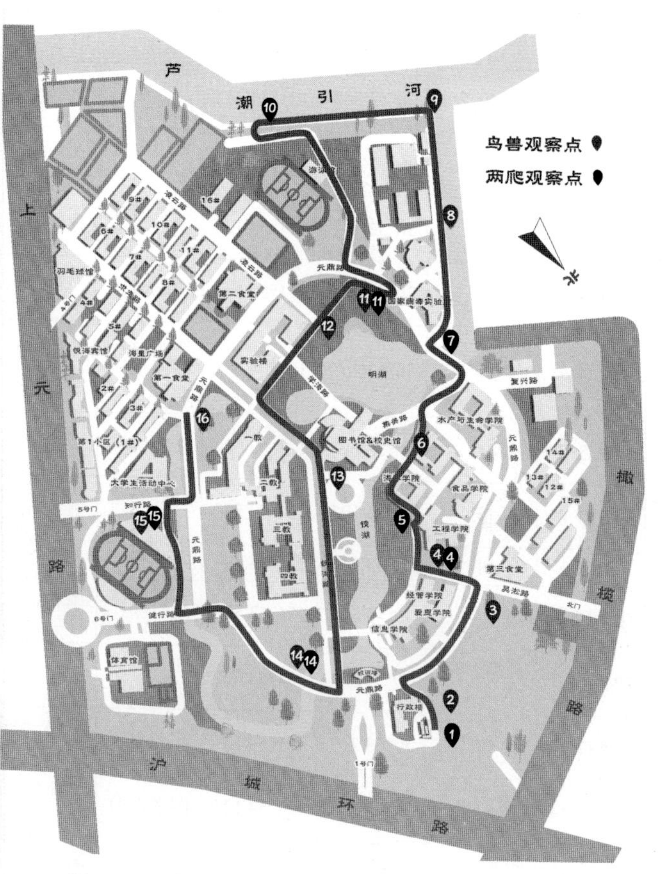

图2.10　上海海洋大学临港校区调查样线及其样点分布

表 2.10　上海海洋大学临港校区调查样线的样点信息

样点编号	主要调查类群	参考坐标（N）	参考坐标（E）	位置描述	主要生境
HDLG–1	两爬	30°53′37″	121°54′18″	行政楼后（北）	林地
HDLG–2	鸟、兽	30°53′36″	121°54′21″	行政楼后（西）	林地
HDLG–3	鸟、兽	30°53′38″	121°54′08″	东门旁荒地	草坪
HDLG–4	两爬、鸟、兽	30°53′31″	121°54′12″	经管学院南	林地
HDLG–5	两爬	30°53′20″	121°54′00″	镜湖西	草坪、湿地
HDLG–6	鸟、兽	30°53′26″	121°54′08″	明湖与镜湖连接河西岸	草坪、湿地
HDLG–7	两爬	30°53′25″	121°53′60″	听涛桥旁	湿地、草坪
HDLG–8	鸟、兽	30°53′19″	121°53′53″	河蚌养殖区	湿地
HDLG–9	鸟、兽	30°53′13″	121°53′49″	水闸旁	湿地
HDLG–10	两爬	30°53′07″	121°53′56″	龙舟队码头	湿地、草坪
HDLG–11	两爬、鸟、兽	30°53′02″	121°54′00″	龙舟队训练水池后	湿地
HDLG–12	鸟、兽	30°53′23″	121°54′12″	明湖南	草坪、湿地
HDLG–13	鸟、兽	30°53′21″	121°54′12″	图书馆前	林地、灌丛
HDLG–14	两爬、鸟、兽	30°53′30″	121°54′25″	悦溪桥旁	湿地
HDLG–15	两爬、鸟、兽	30°53′14″	121°54′23″	大学生活动中心与体育馆间	林地
HDLG–16	鸟、兽	30°53′14″	121°54′16″	一教楼南的河边	湿地、草坪

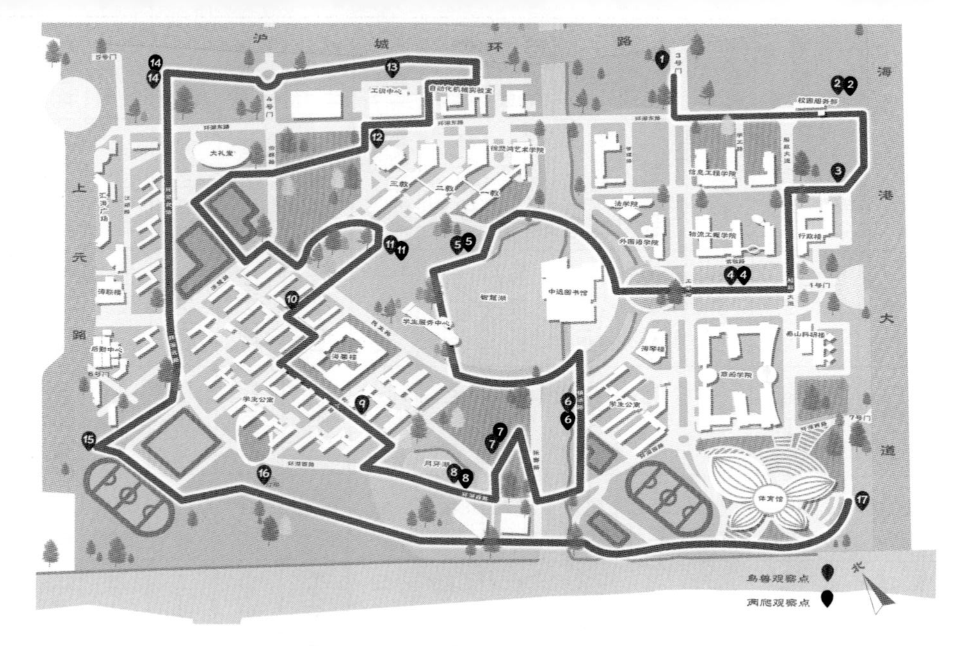

图2.11　上海海事大学临港校区调查样线及其样点分布

表 2.11　上海海事大学临港校区调查样线的样点信息

样点编号	主要调查类群	参考坐标（N）	参考坐标（E）	位置描述	主要生境
HSLG-1	鸟、兽	30°52′38"	121°54′57"	3号门附近	林地
HSLG-2	两爬、鸟、兽	30°52′51"	121°55′11"	校园服务部东	林地、灌丛
HSLG-3	鸟、兽	30°52′48"	121°55′09"	行政楼东	灌丛
HSLG-4	两爬、鸟、兽	30°52′43"	121°54′50"	1号门前	林地、灌木
HSLG-5	两爬、鸟、兽	30°52′53"	121°54′37"	智慧湖北	湿地、灌丛
HSLG-6	两爬、鸟、兽	30°52′43"	121°54′33"	鹅棚附近	湿地、灌丛
HSLG-7	两爬、鸟、兽	30°52′46"	121°54′33"	环湖西路桥附近	林地
HSLG-8	两爬、鸟、兽	30°52′44"	121°54′22"	月牙湖“吴淞”号附近	林地、湿地
HSLG-9	鸟、兽	30°52′49"	121°54′27"	29号宿舍楼附近	林地、灌丛
HSLG-10	鸟、兽	30°52′57"	121°54′31"	女生宿舍楼旁	林地、灌丛
HSLG-11	两爬、鸟、兽	30°52′58"	121°54′37"	海燕山	林地、灌丛、湿地
HSLG-12	鸟、兽	30°53′02"	121°54′41"	三教草坪前	灌丛、林地
HSLG-13	鸟、兽	30°53′03"	121°54′46"	工训中心北	灌丛、草坪
HSLG-14	两爬、鸟、兽	30°52′51"	121°55′08"	5号门附近	草坪、灌丛
HSLG-15	鸟、兽	30°52′59"	121°54′13"	北区操场北	林地
HSLG-16	鸟、兽	30°52′48"	121°54′19"	灯塔旁	草坪、林地
HSLG-17	鸟、兽	30°52′29"	121°54′38"	体育馆东南	灌木、林地

影像资料采集

调查时应尽量多积累样线上的目标动物影像（照片和视频）。调查中遇到难以识别的物种，需多拍照片，以便专业技术人员帮助鉴定。根据需要，分别从不同角度，拍摄样线上重要地点的生境照片5张（或视频1～2段），尤其是起点、所有固定样点、生境明显改变或动物受剧烈干扰的其他地点、终点。重要的影像需在调查现场将编号填入《调查数据表》中“影像编号”栏（例如手机自带的“日期_时间”形式的编号），避免事后混淆，并确保表中的影像编号有存档文件可查。

照片的像素不小于5 M，并以JPEG格式保存；视频分辨率建议达到或超过“高清”（像素1 920×1 080）。影像只有清晰才能使用，建议拍摄时不仅拿稳拍摄设备，还在按压/松开快门（或点击屏幕）的瞬间屏住呼吸，手指平稳地操作，不发生抖动。拍摄野生动物推荐速度优先（即快门优先）模式，确保拍摄对象不模糊。需要提醒的是，调查前应检查记录轨迹和拍摄影像的各个设备在时间上的一致性，若有差异则必须在调整后同步。

影像从拍摄设备导出和提交存档时，建议通过数据线和压缩包形式传输，以保留原始拍摄信息。每次调查结束后，应该尽快完成影像资料的整理，并单独建一个文件夹，其下可根据资料分类需要有多个子文件夹。每个影像完整的文件名需包含拍摄日期和时间、样线代号、生境类型、拍摄者（尤其是当有多人提供时）等详细信息，如“20211225_061502-HSMH-草坪（×××摄）”，其中必须包括《调查数据表》中已记录的影像编号，便于资料的查找和比对。为了影像的安全，建议尽量在不同地点保留多个备份。

人员安全保障与数据质量控制

调查人员主要来自经过科学培训的校园内自然环境保护社团成员或相关专业师生，需具备合格的物种识别基础、基本的距离估算能力[①]和较高的数据收集水平。每次调查的人数以3～4人

---

① 当身边缺乏精确测量工具时，调查者可借鉴如下参数和技巧，用于粗略估算距离。一是多数人正常行走的步幅接近“身高×0.37”，即身高1.7 m的人的正常步幅约为0.63 m。二是多数人最佳快走的步幅约为0.65 m。三是多数人左手中指指尖到右肩的长度接近1 m。调查者平时应多用尺测量和校正自身上述参数，然后多做目测训练，以提高野外调查的距离精度。

为宜,其中样线每侧至少有一人负责观察,而第三人为专门的数据记录员(携带足量的记录表和备用的记录笔)。为了人身安全,必须集体行动,确保相互在视线之内;避免单人作业,严格禁止单独行动。

调查人员在户外不要穿短裤或裙子,避免蚊虫叮咬,或在灌草丛中刮伤皮肤。白天调查时,不宜穿着或携带大红、亮黄等与户外环境差异特别大、过于鲜艳的衣服和背包,全黑色也不推荐,以降低被目标动物发现的概率,有助于调查的顺利进行和计数的准确。夜间调查时,宜穿厚而高的鞋袜,并避免误踩毒蛇、毒虫或落水;主要依靠强光的轻便头灯(推荐使用,有助于解放记录员双手)或手电筒照明,不要使用手机自带的光源。

调查的日期选择需考虑3个主要因素(或原则):① 为提高数据的可比性,相同季节(或月份)的调查,在不同年份中比较接近,在不同校区间应尽量协调一致;② 适宜的天气,这要保持对天气预报的关注,尽量选择风力不大的多云或晴天进行;③ 提前了解样线的状况,避免在发生较大的干扰时调查,影响到动物的分布和数量的准确。

每次调查完成后,记录员需在3天内完成数据整理,并提交给调查负责人。负责人及时对数据进行复核和备份,防止由于存储介质问题导致数据的丢失。项目要逐步建立调查与评估审核程序,邀请专家对数据的准确性和完整性进行审查,发现错误和遗漏时及时更正与补充。

调查方法

两栖类和爬行类调查方法

6月和9月各调查一次,各校区的调查日期尽量一致。每次调查宜在一天内完成,时间为19:30—22:30。

在每个两爬动物的调查样点设置1个10 m × 10 m的样方,用强光对样方进行搜寻,统计各种两栖类的实体(成体、幼体)和卵块(卵带)、爬行类的实体和卵;每个样方调查15 min。调查获得的数据需填入《两栖类和爬行类调查记录表》。

走访调研获得的两栖类和爬行类信息,以及鸣声、痕迹等间接证据作为定性数据进行补充,但只记录种类,不记录数量。

鸟类调查方法

（1）调查时间安排

1、4、5、7、10、11月各调查一次鸟类，即一年调查6次；每次调查尽量集中在当月中旬。调查应在天气较好的早晨和上午进行，具体时间有季节性变化：冬季7:00—10:00，春、秋季6:30—9:30，夏季5:30—8:30。

（2）具体调查方式

通常使用8～10倍的望远镜（或超长焦数码相机）进行调查。调查时，一般以1.5 km/h的速度前进，分别观察和记录以样线为中心线的两侧垂直距离各25 m范围内部和外部（图2.12），以及在每个样点静默地停留5～10 min所看见和听见的鸟种、数量、雌雄（或成幼）、行为、生境、干扰等信息。

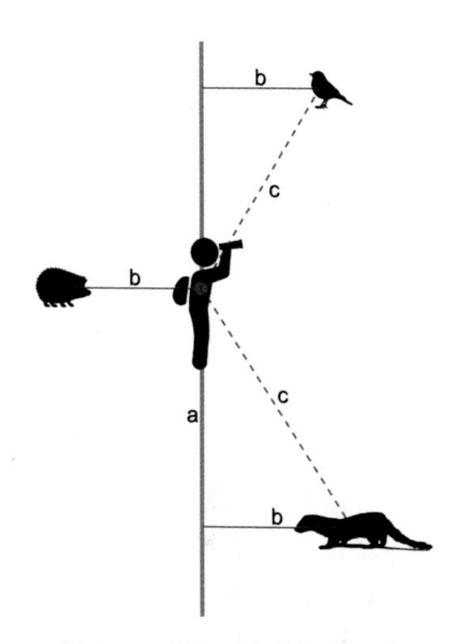

图2.12　调查对象的距离示意

a. 样线中心线；b. 调查对象到样线中心线的垂直距离；c. 调查对象到调查者的直线距离。

调查记录的鸟类行为主要分为停息、觅食、飞行3种。鸟类生境主要分为湿地、林地、草坪、灌丛和建筑5种。当出现其他重要的行为和生境类型（如耕地）时，可记录在“其他”栏，并附必要说明（两栖类、爬行类和哺乳类调查也可参考）。

所有在样线上听到和看到的鸟类均记录物种和数量。对于飞行中的同种鸟类，为了避免重复，一般只计数特定飞行方向的个体，飞行方向相反的个体通常不记录。例如，只记录从沿样线行进的调查人员前方（或左侧）飞到后方（或右侧）的珠颈斑鸠，不记录从他们后方（或右侧）飞到前方（或左侧）的珠颈斑鸠。当然，如果确定某种鸟类或某些个体（比如大群出现）在当次调查中还没有被记录，则不受此限制，应该计数。

如果无法确定具体物种，又未拍到可用于鉴定的影像，则只记录为大的类群（目、科等）。调查以繁殖鸟（留鸟和夏候鸟）和冬候鸟为重点，主要物种包括乌鸫、白头鹎、麻雀、珠颈斑鸠、大山雀、棕头鸦雀、棕背伯劳、灰喜鹊、八哥、黑尾蜡嘴雀、家燕、白鹭、夜鹭等。相关信息填入《鸟类调查记录表》。

条件允许的话，可使用红外相机对鸟类进行补充调查。每个样点设置1～2台红外相机，相邻相机间隔大于50 m；相机捆绑在树上，高度距地面约0.5 m。红外相机每次连续工作1个月，每条样线总共调查1～2次。

（3）望远镜的使用方法

望远镜是调查鸟类时使用的主要观察工具之一。常用观鸟望远镜有保罗式双筒望远镜、屋脊式双筒望远镜和单筒望远镜等类型（图2.13）。双筒望远镜的使用方法相对简单，其步骤简述如下。

瞳距调节　先调节目镜之间的宽度，使之与使用者的瞳孔间距一致。当通过目镜看到左右两个圆形视野重叠时，调整完毕。

视差调校　有些人两眼视力不一样，需调整望远镜使之适合使用者的视差。先闭上右眼，用左眼观察某一明显的物体，同时转动望远镜的中央调焦旋钮，至目标最清晰为止；然后闭上左眼，用右眼观察，调节右目镜上的视差调节环，至目标最清晰为止。

寻找目标　由于望远镜的视野较小，初学者经常会找不到目标。要做到观察又快又准，他们需练习一段时间。不过，也有一些“临时抱佛脚”的方法：一是用鸟类所在位置附近的大且固定的物体作参考目标，先用肉眼确定参考目标和鸟的相对位置，然后通过望远镜找到参考目标，再观察目标鸟类；二是肉眼发现目标后，视线紧盯住它不再移动，随后再将望远镜举起，基本可找准目标。需特别提醒的是，不得用望远镜直接对准太阳观察，避免透过镜片聚焦的强烈阳光灼伤眼睛。

望远镜为比较精密的设备，不用时需收拢保护，目镜和物镜盖上，避免被损毁或污染。

哺乳类调查方法

哺乳类调查主要在秋季进行一次，根据实际情况可在冬季补充一次。时间与鸟类调查一致，也安排在早晨和上午。因此在进行鸟类调查时，可同步完成哺乳类调查。

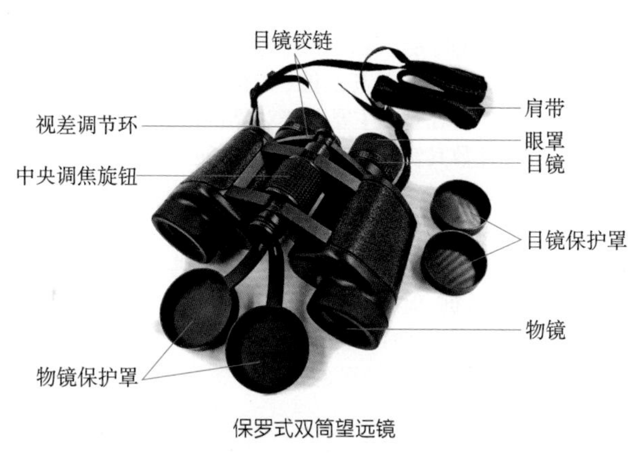

保罗式双筒望远镜

眼罩
视差调节环
肩带
中央调焦旋钮
目镜保护罩
目镜
目镜铰链
物镜

屋脊式双筒望远镜

单筒望远镜

图2.13　常用的观鸟望远镜类型

调查时沿样线行走，观察样线中心线两侧垂直距离25 m范围内出现的野生哺乳类及其痕迹，并在每个固定样点周围停留10～15 min静默地观察。主要调查对象为蝙蝠、貉、东北刺猬、黄鼬和华南兔等，计数其实体，或较新鲜的粪便、足迹和洞穴，并将数据填入《哺乳类调查记录表》中。麝鼩类和鼠类不作为哺乳类调查对象。

可对学校工勤人员进行访问，把他们提供且可信的兽类情况作为补充的定性数据，但只记录物种，不记录数量。

条件允许的话，可使用红外相机对哺乳类进行补充调查，方法与鸟类补充调查相同。

两栖纲

AMPHIBIA

中华蟾蜍

学名 *Bufo gargarizans* Cantor, 1842　**英文名** Asiatic Toad

形态 雄蟾体长约95 mm,背部墨绿色或褐绿色;雌蟾体长约105 mm,背部色浅,呈土褐色。头宽大于头长,吻棱明显;鼓膜明显,近圆形。皮肤粗糙,背面布满大小不等的圆形瘰粒,耳后腺大且呈长圆形,仅头部平滑;腹面布满疣粒,胫部瘰粒大;一般无跗褶。腹面乳黄色与棕色(或黑色)形成花斑,一般无土红色斑纹。雄蟾内侧3指基部具黑色婚垫。雌雄均无声囊。

习性 多活动于水体、灌丛、草地;主要在黄昏后外出捕食,以昆虫(蚁类)、蜗牛、蚯蚓等小动物为主食。1—4月出蛰,进入静水水域繁殖;成体在9—10月进入水中或松软的泥沙中冬眠。上海在春夏秋季可见。

校区分布 各校区可见。常见度:多见。

地理分布 国内[①]除新疆、海南和港澳台地区外,各地广布。国外分布于俄罗斯、朝鲜半岛等地。

① 物种在国内的分布区,一般先到大的地区(东北、华北、华东、华中、华南、西北、西南和港澳台地区),再到省、自治区和直辖市(合称省区市,简称省份),以及香港、澳门和台湾。大的地区按以下空间位置次序列出:东北(黑龙江、吉林和辽宁)、华北(北京、天津、河北、山西和内蒙古)、华东(山东、江苏、上海、安徽、江西、浙江和福建)、华中(河南、湖北和湖南)、华南(广东、广西和海南)、西北(陕西、宁夏、甘肃、青海和新疆)、西南(四川、重庆、云南、贵州和西藏)、港澳台地区(香港、澳门和台湾)。为了表述的简洁、明了和直观,如果某个地区内所有省份都有该种分布,就只列出地区名称;如果该地区中仅部分省份有分布,则在括号内注明分布的省份或不分布的省份(以"除……外"形式)。对国内只有极少数省份有分布或无分布的特殊情形,则忽略地区名称,只列出有分布或排除无分布的省份。——编辑注

美洲牛蛙

学名 *Lithobates catesbeianus* (Shaw, 1802)

英文名 American Bullfrog

形态 体大而粗壮,其中雄蛙体长约152 mm,雌蛙体长约160 mm。头长与头宽几乎相等,吻端钝圆,鼓膜与眼的直径等大或略大。背面皮肤略显粗糙,具极细的肤棱或疣粒;背侧褶无,颞褶显著。前肢短,指端钝圆。雄蛙鼓膜比雌蛙的大,咽喉黄色,具1对内声囊,第一指内侧具婚垫;雌蛙无内声囊和婚垫。

习性 在沼泽、湖塘、水坑、河沟、稻田和水草繁茂的静水中均能繁殖。上海春夏秋季可见。

校区分布 复旦大学(邯郸)。常见度:罕见。

地理分布 在我国为逃逸种,除西藏、海南、香港和澳门外的北京以南地区均有分布记录。原产自北美洲,1959年被引入我国。

黑斑侧褶蛙

学名 *Pelophylax nigromaculatus* (Hallowell, 1860)

英文名 Dark-spotted Frog

形态 雄蛙体长约62 mm,雌蛙体长约74 mm。头长大于头宽;吻端钝圆,鼓膜大而明显。背面皮肤较粗糙;背侧褶明显,褶间具长短不一的肤棱。指、趾末端无横沟,后肢较短。体色变异大,多为蓝绿、暗绿、黄绿、灰褐、酱褐色,有的个体背脊中央具浅色脊线,或体背和体侧具黑色斑点;四肢具横纹,股后侧具云斑。雄性具灰色婚垫,颈侧具1对外声囊;雌蛙无内声囊和婚垫。

习性 广泛生活在平原和低山丘陵地带的水田、池塘、湖沼区。上海多在3—4月出蛰;繁殖于3月下旬至5月,在黎明前后产卵于稻田、池塘的浅水处,卵群呈团状;在10—11月进入松软的土中或枯枝落叶下冬眠。

校区分布 各校区可见。常见度:多见。

地理分布 国内除台湾和海南外,各地广布。国外分布于俄罗斯、日本和朝鲜半岛。

金线侧褶蛙

学名 *Pelophylax plancyi* (Lataste, 1880)

英文名 Eastern Golden Frog

形态 雄蛙体长约55 mm，雌蛙约67 mm。头长略大于头宽；吻钝圆；鼓膜大而明显，略小于眼的直径。背面皮肤光滑或有疣粒，体侧疣粒显著；背侧褶明显，前段窄，中、后段宽，直达胯部。背部绿色、暗绿色或橄榄绿色；背侧褶和鼓膜棕黄色；四肢背面具棕色斑，以及清晰的黄色与酱色纵纹；腹面淡黄色，咽、胸和胯部金黄色。雄蛙具1对咽侧内声囊，第一指具婚垫；雌蛙无内声囊和婚垫。

习性 多生活在海拔200 m以下的稻田、池塘等水体及附近地带。上海一般在4月下旬出蛰，4—6月繁殖，10月下旬开始冬眠。卵群分散呈片状。

校区分布 各校区可见。常见度：多见。

地理分布 我国特有种，分布于华北（除内蒙古外）、华东（除江西和福建外），以及辽宁和台湾。

泽陆蛙

学名 *Fejervarya multistriata* (Hallowell, 1860)

英文名 Paddy Frog

形态 雄蛙体长约40 mm,雌蛙体长约46 mm。吻端钝尖,鼓膜明显。背部皮肤具数行长短不一、纵向的褶皱,褶皱间、体侧和后肢背面具小疣粒。指、趾端钝尖;第五趾外侧缘膜极不显著或无。背面一般为灰橄榄色或深灰色,杂有深色斑纹;上下唇缘具纵向的深色斑纹。雄蛙具单咽下外声囊,咽喉黑色,第一指上的浅色婚垫发达;雌蛙无外声囊和婚垫。

习性 生活在平原、丘陵和低山区的稻田、沼泽、水塘、水沟等静水水域,或水域附近的旱地、草丛;昼夜活动,主要在夜间觅食。卵粒成片漂浮于水面。上海春夏秋季可见。

校区分布 各校区可见。常见度:少见。

地理分布 国内分布于秦岭以南地区。国外分布于日本和东南亚地区。

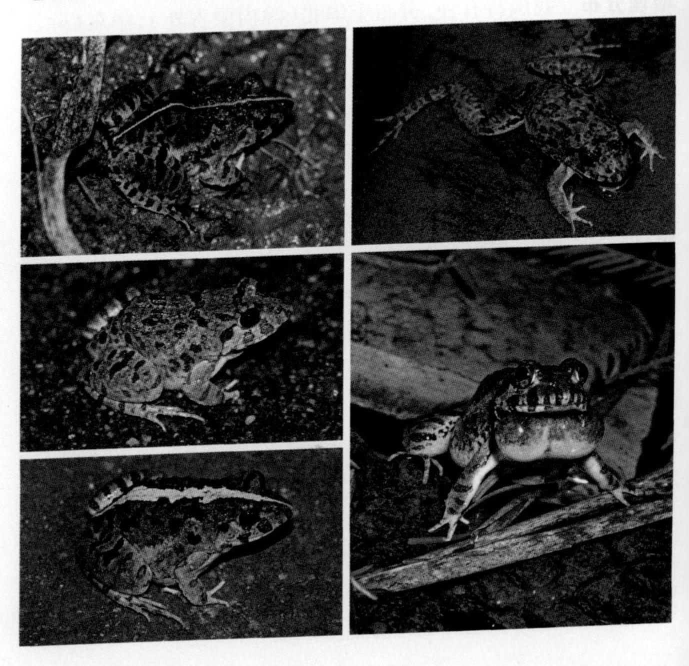

北方狭口蛙

学名 *Kaloula borealis* (Barbour, 1908)
英文名 Boreal Digging Frog
形态 体型较小，体长不超过45.5 mm。头宽大于头长；吻短而圆，吻棱不明显；鼻孔靠近吻端。前肢细长，指端钝圆；后肢粗短，内跖突大，具锐刃；外跖突较小。皮肤厚，较光滑。体色变化较大，一般背面呈棕褐色，头后常具肉红色、波状的宽横纹，背部和四肢上部常具不规则的棕黑色斑点，体侧、侧下方和后肢内侧具深浅相间的网状纹；腹面色浅。雄蛙咽喉黑色，具单咽下外声囊；雌蛙无外声囊。
习性 生活在海拔50～1 200 m的平原、山区和丘陵地带。常栖息在住宅或水坑附近的草丛、土穴或石下，夜间也在路灯下活动；不善跳跃，多爬行；暴雨后，雄蛙发出洪亮而低沉的"阿、阿"鸣声。上海春夏秋季可见。
校区分布 复旦大学（江湾）。常见度：罕见。
地理分布 国内分布于东北（黑龙江）、华北（除内蒙古外）、华中（河南和湖北）、华东（除江西和福建外）和西北（陕西）。国外分布于俄罗斯和朝鲜半岛。

饰纹姬蛙

学名 *Microhyla fissipes* Boulenger, 1884
英文名 Ornate Chorus Frog
形态 小型蛙类，雄蛙体长约22 mm，雌蛙体长约23 mm。身体略呈三角形。头小，吻钝尖，鼓膜不明显。背面皮肤具小疣粒，从眼后至胯部前方具斜行、大而长的疣粒；腹面皮肤光滑。指、趾端圆，均无吸盘和纵沟；趾间仅具蹼迹。背面粉灰色或灰棕色，具前后2个深棕色的“Λ”形斑；咽喉色深，胸、腹和四肢腹面白色。雄蛙咽喉黑色，具单咽下外声囊；雌蛙无外声囊。
习性 生活在海拔1 400 m以下的平原、丘陵和山地。常栖息于泥窝、土穴或水边草丛中，主要以蚁类为食。上海春夏秋季可见。
校区分布 华东师大（中北、闵行）、上海海洋（临港）。常见度：罕见。
地理分布 国内分布于华北（山西）、华东（除山东外）、华中、华南、西北（甘肃）、西南（除西藏外）和港澳台地区。国外分布于日本、巴基斯坦、印度、克什米尔地区、尼泊尔、越南、斯里兰卡、缅甸、泰国和柬埔寨。

爬行纲

REPTILIA

红耳龟

学名 *Trachemys scripta elegans* (Wied-Neuwied, 1839)

英文名 Red-eared Slider

形态 头宽大，光滑无鳞，暗绿色，具黄色的纵向条纹，腹面条纹比背面条纹宽；吻端稍突出，鼻孔小，口斜向下方；头侧的鼓膜具橘红色或暗红色的椭圆形斑。颈灰黑色，具黄绿相间的纵向条纹。躯干腹面条纹宽；背面翠绿色或苹果绿色，中央具一条显著的脊棱。缘盾11片，外缘金黄色。

习性 对环境有很强的适应能力，溪流、湖泊、水库等水体皆可生存。上海春夏季可见。

校区分布 华东师大（中北）、复旦大学（江湾）、上应大（奉贤）。常见度：罕见。

地理分布 在我国为逃逸种，各地均有分布纪录，集中在中南部地区。原产自密西西比河至墨西哥湾一带。

多疣壁虎

学名 *Gekko japonicus* (Schlegel, 1836)

英文名 Schlegel's Japanese Gecko

形态 体全长99～149 mm,其中头体长约为尾长的0.87～1.10倍。吻鳞长方形,宽约为高的2倍,上缘中央无缺刻。躯干背面的粒鳞较小,呈圆锥状,疣鳞显著大于粒鳞;前臂和小腿具疣鳞。指、趾间具膜迹。尾基每侧具肛疣3个。头和躯干背面具深褐色斑;四肢和尾背面具褐色横斑,横斑色泽的深浅有变化;身体腹面淡肉色。

习性 一般生活在平原地区的树林、住宅及其附近,以及丘陵地带的城镇和人口较多的村庄。夜间聚集在路灯周围的墙壁、玻璃窗和屋檐下,伏击昆虫。7月产卵,每次产卵2枚。上海春夏秋季可见。

校区分布 各校区可见。常见度:罕见。

地理分布 国内分布于华北(山西)、华中(湖南)、华东(除山东外)、西北(陕西和甘肃)、西南(四川和贵州),以及台湾。国外分布于日本和朝鲜半岛。

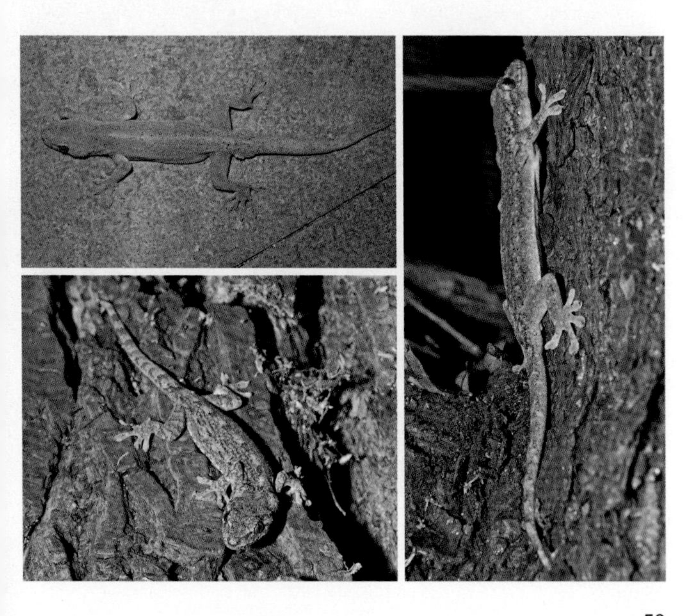

短尾蝮

学名 *Gloydius brevicaudus* (Stejneger, 1907)

英文名 Short-tailed Mamushi

形态 毒蛇，头略呈三角形，与颈区分明显；吻棱明显；有颊窝；头背具对称的大鳞片，并有两排纵行的大圆斑，彼此并列或交错，圆斑中央颜色略淡；枕中央有一个浅褐色的桃形斑；从眼后到颈有一条镶深棕色边的褐纹。躯干较粗短，背面从浅褐色到红褐色。尾短；尾尖土黄色，幼时较鲜艳。

习性 多栖息在平原和丘陵地带的树林、灌丛、坟堆、草丛（草地）、荒野、稻田、麦田和小路。上海春夏秋季可见。

校区分布 华东师大（闵行）、上海海洋（临港）。常见度：罕见。

地理分布 国内分布于东北（辽宁）、华北（河北）、华东（除山东外）、华中（湖北）、西北（陕西和甘肃）和西南（四川和贵州），以及台湾。国外分布于朝鲜半岛。

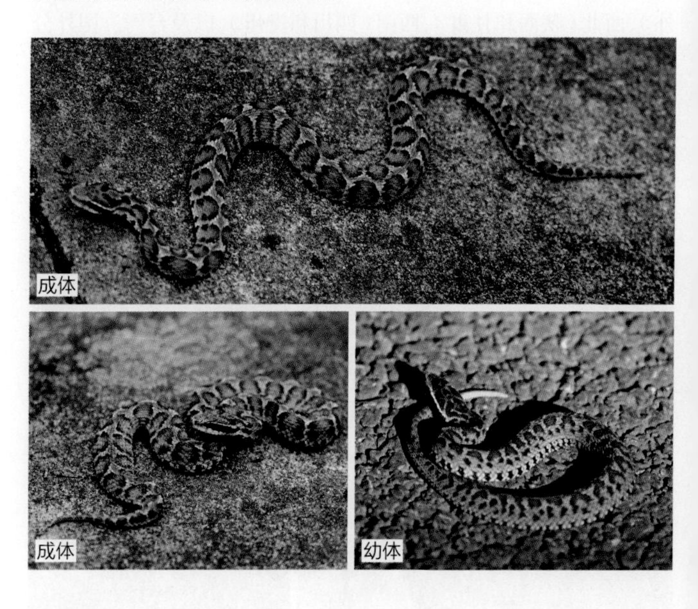
成体
成体
幼体

黑眉锦蛇

学名 *Elaphe taeniura* (Cope, 1861)　**英文名** Beauty Rat Snake
形态 大型蛇类，全长可达2 m，无毒。头、躯干背面黄绿色或棕灰色；眼后具明显的眉状黑纹，延伸至颈。体前段具黑色梯状或蝶状斑纹，至体后段逐渐不明显；从体中段开始，两侧具明显的黑色纵带并直达尾端；腹面灰黄色或浅灰色，两侧黑色。背面中央具数行背鳞，并稍有起棱。
习性 生活在平原、丘陵和山地，多见于树林、灌丛和草地；常在房屋及附近栖居，有“家蛇”之称。行动迅速，善攀爬；性较猛，受惊扰即竖起头颈并作攻击之势。上海春夏季可见。
校区分布 复旦大学（江湾）。常见度：罕见。
地理分布 国内除黑龙江、吉林、内蒙古、山东、宁夏、新疆和青海外，各地广布。国外分布于朝鲜半岛、越南、老挝、缅甸和印度。

赤链蛇

学名 *Lycodon rufozonatus* Cantor, 1842

英文名 Red Banded Snake

形态 体全长一般约1 m。头宽扁，头与颈略能区分；眼小，瞳孔直立、椭圆形；头背黑色，鳞缘红色；枕具红色的倒"V"字形斑。体背黑色，具红色横斑，横斑间隔约2～4枚鳞，横斑宽度约占1～2枚鳞长，杂以黑褐色斑点；腹灰黄色，腹鳞两侧杂以黑褐色斑点。无毒蛇，但因体色鲜艳和性情凶猛，常被误认为是毒蛇。

习性 栖息在山地、丘陵及平原地带，多活动于树林、灌丛、稻田、水塘、路边、住宅、荒地（草地），常在傍晚外出捕食。广食性，主食小鱼、蛙类、蜥蜴、其他蛇类、小鸟和鼠类。上海春夏秋季可见。

校区分布 华东师大（中北、闵行）、上海海洋（临港）。常见度：罕见。

地理分布 全国广布。国外分布于朝鲜半岛和日本。

乌梢蛇

学名 *Ptyas dhumnades* (Cantor, 1842)

英文名 Big-eyed Rat Snake

形态 体全长一般约1 m。头与颈区别显著。幼体背多灰绿色，成体背褐绿色或棕黑色；幼体的四条黑纹纵贯躯干，亚成体的黑纹纵贯全身，成体的黑纹只在体前段明显。体前段背鳞鳞缘黑色并形成网状斑纹，腹鳞多呈黄色或土黄色；体后段由浅灰黑色逐渐变为浅棕黑色。

习性 栖息在平原、丘陵地带，也可到达海拔1 570 m的高原。5—10月常在农耕区的树林、灌丛、草地和水域附近活动。行动迅速而敏捷，主食小鱼、蛙类、蜥蜴、鼠类等。上海春夏秋季可见。

校区分布 上海海洋（临港）。常见度：罕见。

地理分布 我国特有种。分布于华东（除山东和江西外）、华中、华南（广东和广西）、西北（陕西和甘肃）、西南（四川、贵州和云南），以及台湾。

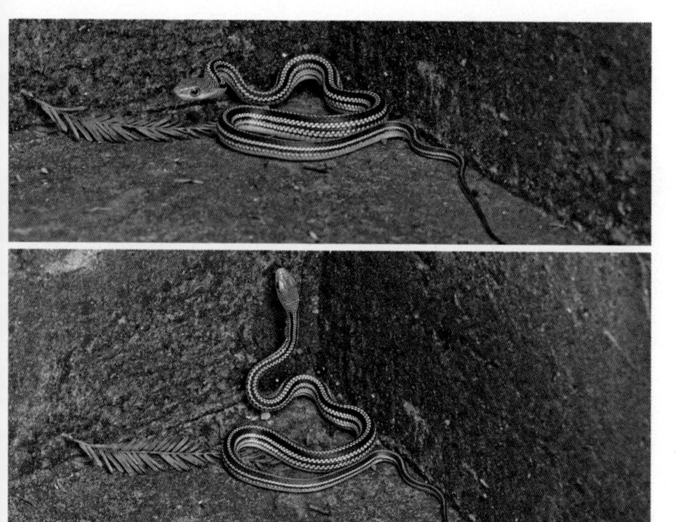

鸟 纲

AVES

鸳鸯

学名 *Aix galericulata* (Linnaeus, 1758)

英文名 Mandarin Duck

形态 体型较小（体长约40 cm），色彩艳丽。虹膜褐色，脚近黄色。雄鸟：在繁殖期喙红色，具醒目的白色眉纹、金色颈和背长羽，以及拢翼后可直立、独特的棕黄色炫耀性帆状饰羽；在非繁殖期似雌鸟，但喙仍为红色。雌鸟：不甚艳丽，喙灰色，具亮灰色的体羽、雅致的白色眼圈和眼后线。

习性 营巢于树洞或河岸，活动于附近多林木的溪流等水体。上海冬季可见。

校区分布 上师大（奉贤）。常见度：罕见。

地理分布 国内分布于东北、华北、华东、华南、西北，以及台湾。国外分布于俄罗斯、蒙古、朝鲜半岛、日本和东南亚等地；多国有引种。

雄（左）雌（右）

绿头鸭

学名 *Anas platyrhynchos* Linnaeus, 1758　**英文名** Mallard
形态 体型中等（体长约58 cm），为家鸭的野生型。虹膜褐色，喙黄色，脚橘黄色。翼镜蓝紫色。雄鸟：头和颈深绿色并带光泽，白色颈环将头与栗色的胸隔开。雌鸟：褐色斑驳，有深色贯眼纹。
习性 多见于湖泊、池塘和河口。上海全年可见。
校区分布 上海海洋（临港）、上海海事（临港）。常见度：罕见。
地理分布 全国广布。全北区鸟类，在南方越冬。

雄

雄

雌

斑嘴鸭

学名 *Anas zonorhyncha* Swinhoe, 1866

英文名 Eastern Spot-billed Duck

形态 体型较大(体长约60 cm),深褐色为主。虹膜褐色;喙黑色为主,但喙端黄色,且在繁殖期黄色喙端的顶尖具一个黑点;脚红色。头色浅,顶冠和眼线色深;喉和颊淡黄色。翼镜蓝紫色;三级飞羽白色,停息时有时可见,飞行时明显。两性同色,但雌鸟较暗淡。

习性 栖息于湖泊、河流和沿海红树林、潟湖等水体。上海全年可见。

校区分布 上海海洋(临港)。常见度:罕见。

地理分布 全国广布。国外分布于印度、缅甸和东北亚。

凤头潜鸭

学名 *Aythya fuligula* (Linnaeus, 1758) **英文名** Tufted Duck

形态 体型中等(体长约42 cm),矮扁而结实。虹膜黄色,喙灰色,脚灰色。顶冠具特长的羽冠。雄鸟:黑色为主,腹和体侧白色。雌鸟:深褐色为主,两胁褐色,羽冠相对较短;二级飞羽在飞行时呈白色的带状。雏鸟:似雌鸟,但虹膜褐色。

习性 常见于湖泊、深水池塘等水体,潜水觅食;飞行迅速。上海春夏秋季可见。

校区分布 复旦大学(江湾)。常见度:罕见。

地理分布 全国广布。繁殖于古北界北部,在南方越冬。

雄

雌

赤颈鸭

学名 *Mareca penelope* (Linnaeus, 1758)

英文名 Eurasian Wigeon

形态 体型中等（体长约47 cm）。虹膜棕色，喙蓝绿色，脚灰色。头较大，翼镜黑绿色。雄鸟：头栗色，具淡黄色冠羽；身体灰色为主，两胁有白斑，腹白色，尾下覆羽黑色，飞行时白色翼羽与深色飞羽及绿色翼镜形成对照。雌鸟：通体棕褐色或灰褐色，腹白色，飞行时浅灰色覆羽与深色飞羽形成对照。

习性 与其他水鸟混群，活动于湖泊、沼泽、河口等水体。上海全年可见。

校区分布 上海海洋（临港）。常见度：罕见。

地理分布 全国广布。古北界鸟类，在南方越冬。

雄

雄

雌

雉鸡

学名 *Phasianus colchicus* (Linnaeus, 1758)
英文名 Common Pheasant
别名 环颈雉、野鸡
形态 虹膜黄色；喙暗白色，基部灰色；脚略呈灰色。雄鸟：体型较大（体长约85 cm）；头具黑色光泽和显眼的耳羽簇，宽大的眼周裸皮鲜红色；颈具明显的白色颈环。雌鸟：体型较小（体长约60 cm）而色淡，全身密布浅褐色斑纹；翼上覆羽黄褐色，下背和腰淡黄色，白色颈环不明显或缺失。
习性 雄鸟单独或成小群活动，雌鸟及其雏鸟偶尔与其他鸟类合群。栖息于不同海拔的开阔林地、灌丛、半荒漠、农耕地和草地。上海全年可见。
校区分布 上师大（奉贤）、上海海洋（临港）。常见度：罕见。
地理分布 国内除西南的部分地区外，各地广布。国外分布于西古北界（东南部）、中亚、俄罗斯、朝鲜和日本；引种至欧洲、澳大利亚、新西兰、夏威夷和北美洲。

雄

雌

凤头䴙䴘

学名 *Podiceps cristatus* (Linnaeus, 1758)
英文名 Great Crested Grebe
形态 体型较大（体长约50 cm）。虹膜近红色，喙粉红至黑色，脚近黑色。顶冠具显著的深色羽冠；颈修长；腹近白色，背纯灰褐。成鸟在繁殖期枕栗色，颈具鬃毛状饰羽。
习性 喜广阔的湖泊、水塘、鱼塘、人工湖等水体。繁殖期雌雄成对做精湛的求偶炫耀，两相对视，身体高高挺起并同时点头，有时喙上还衔着水生动植物。上海全年可见。
校区分布 上海海洋（临港）。常见度：罕见。
地理分布 国内除海南外，各地广布。国外分布于古北界、非洲、印度、澳大利亚和新西兰。

繁殖期

非繁殖期

水面起飞

小䴙䴘

学名 *Tachybaptus ruficollis* (Pallas, 1764)
英文名 Little Grebe
形态 体型较小（体长约27 cm），矮扁。虹膜黄色；喙粉红、土黄至黑色；脚蓝灰色，趾尖浅色。繁殖羽：顶冠和枕深灰褐色，喉和前颈偏红色；背褐色，腹偏灰色，具明显的黄色喙斑。非繁殖羽：背褐色，腹白色。白化个体通体白羽，眼四周黑色，喙橘黄色。
习性 喜清水、有丰富水生生物的湖泊、沼泽、涨过水的稻田等水体，以及水边灌丛。通常单独或成小群活动。繁殖期在水上相互追逐并发出叫声。上海全年可见。
校区分布 复旦大学（江湾）、上海交大（闵行）、上应大（奉贤）、上师大（奉贤）、上海海洋（临港）。常见度：多见。
地理分布 国内除台湾外，各地广布。国外分布于非洲、亚欧大陆，以及日本、菲律宾、印度尼西亚和巴布亚新几内亚。

繁殖期
繁殖期
非繁殖期
白化个体

大白鹭

学名 *Ardea alba* (Linnaeus, 1758) **英文名** Great Egret

形态 体型较大（体长约95 cm），比其他白色的鹭大许多。虹膜黄色；喙在非繁殖期橘黄色，在繁殖期黑色；脚黑色。颈具特别的扭结。眼先青绿色，喙裂延伸至眼后。

习性 一般单独或成小群在湿润或漫水的地带活动，也见于水边灌丛。站姿甚直，从上方往下刺戳猎物。飞行优雅，振翼缓慢而有力。上海全年可见。

校区分布 复旦大学（江湾）、上海海洋（临港）、上海海事（临港）。常见度：罕见。

地理分布 国内分布于东北（吉林和辽宁）、华北（除山西外）、华东、华中、华南（广东和海南）、西南（西藏、云南和贵州）和港澳台地区。国外在全球广布。

苍鹭

学名 *Ardea cinerea* Linnaeus, 1758　**英文名** Grey Heron

形态 体型较大（体长约92 cm），白、灰和黑色为主。虹膜黄色；喙橘黄色；脚黄褐色至棕黑色，爪黑色。成鸟：贯眼纹和冠羽黑色，头、颈、胸和背白色，颈具黑色纵纹；飞羽、翼角和两道胸斑黑色；其余部位灰色。亚成鸟：头和颈灰色较浓，但无黑色。

习性 栖息于草地、干旱平原，以及沼泽等水体。正常飞行起伏不定；以活泼悦耳的鸣声著称，在高空振翼飞行时鸣唱，接着做极为壮观的俯冲后回到地面；警惕时下蹲。上海全年可见。

校区分布 华东师大（中北）、复旦大学（江湾）、上海海洋（临港）、上海海事（临港）。常见度：罕见。

地理分布 国内除新疆外，各地广布。国外分布于非洲、亚欧大陆、日本至菲律宾和印度尼西亚（巽他群岛）。

中白鹭

学名 *Ardea intermedia* (Wagler, 1829)

英文名 Intermediate Egret

形态 体型较大(体长约69 cm),大小在白鹭与大白鹭之间。虹膜黄色;喙橘黄色,末端黑色;脚黑色。眼先黄绿色,喙裂不延伸至眼后。繁殖期的背和胸有松软的长丝状羽。

习性 喜稻田、湖畔等水体,以及沼泽地、红树林、水边灌丛和沿海泥滩。与其他鹭类混群营巢。上海全年可见。

校区分布 复旦大学(江湾)、上海海洋(临港)、上海海事(临港)。常见度:罕见。

地理分布 国内分布于东北(辽宁)、华北(北京和河北)、华东、华中、华南、西北(陕西和甘肃)、西南和港澳台地区。国外分布于非洲、印度、东亚至大洋洲。

非繁殖期

繁殖期及雏鸟

亚成鸟

池鹭

学名 *Ardeola bacchus* (Bonaparte, 1855)

英文名 Chinese Pond Heron

形态 体型中等（体长约47 cm），翼白色，身体具褐色纵纹。虹膜黄色；喙黄色，尖端黑色，基部蓝色；脚暗黄色。脸和眼先裸露皮肤黄绿色。繁殖羽：头和颈深栗色，胸绛紫色。非繁殖羽：站立时具褐色纵纹，飞行时体白而背深褐色。

习性 喜稻田、池塘等湿地，也活动在水边灌丛和树林；单独或成小群分散进食。晚上飞回群栖处，常与其他鹭类混群营巢。飞行时振翼缓慢，翼明显较短。上海春夏季可见。

校区分布 复旦大学（江湾）。常见度：罕见。

地理分布 国内除黑龙江和宁夏外，各地广布。国外分布于孟加拉国至东南亚，越冬至马来半岛、中南半岛和大巽他群岛，迷鸟至日本。

繁殖期

非繁殖期

牛背鹭

学名 *Bubulcus coromandus* (Boddaert, 1783)
英文名 Eastern Cattle Egret
形态 体型中等（体长约50 cm），白色为主。眼先和虹膜黄色，喙黄色，脚黑色。繁殖羽：体羽白，头、颈、胸和背部的羽毛沾橘黄色。非繁殖羽：体羽白，仅部分额部沾橘黄色。
习性 喜稻田、池塘等滨水湿地和水边灌丛。白天外出捕食家畜、水牛和农机从草地上引来或惊起的昆虫，傍晚成小群列队低飞经过有水地区，回到群栖地点。上海春夏季可见。
校区分布 复旦大学（江湾）、上海交大（闵行）、上应大（奉贤）、上师大（奉贤）、上海海洋（临港）、上海海事（临港）。常见度：偶见。
地理分布 国内除宁夏外，各地广布。国外分布于北美洲（东部）、南美洲（中部和北部）、欧洲（伊比利亚半岛）、亚洲（伊朗、印度至日本和东南亚）。

繁殖期
亚成鸟

非繁殖期

绿鹭

学名 *Butorides striata* (Linnaeus, 1758)

英文名 Striated Heron

形态 体型较小（体长约43 cm），深灰色为主。虹膜黄色，喙黑色，脚黄绿色。成鸟：顶冠和松软的长冠羽闪现绿黑色光泽，一道黑线从喙基部过眼下和脸颊并延伸至枕后；颏白色；两翼和尾青蓝色并具绿色光泽，羽缘淡黄色；腹粉灰色；雌鸟体型比雄鸟略小。亚成鸟：具褐色纵纹。

习性 性孤僻，但结小群营巢。栖息于池塘、溪流、稻田、芦苇丛、水边灌丛、树林等有浓密覆盖的地方。上海春夏季可见。

校区分布 复旦大学（江湾）。常见度：罕见。

地理分布 国内分布于东北、华北（河北和北京）、华东（除安徽和江西外）、华南（广东和广西）和港澳台地区。国外分布于美洲、非洲、亚洲（印度、东北亚和东南亚），以及新几内亚岛和澳大利亚。

白鹭

学名 *Egretta garzetta* (Linnaeus, 1766)

英文名 Little Egret

形态 体型中等（体长约60 cm），白色为主。虹膜黄色；喙黑色；脚黑色为主，趾黄色。眼先黄绿色。繁殖羽纯白，枕具细长的饰羽，背和胸具蓑状羽。

习性 喜稻田、河岸、沙滩、泥滩和沿海小溪流，以及水边灌丛、树林。成群进食，常与其他鹭类混群，有时飞越沿海浅水追捕猎物；夜晚飞回停息地时呈“V”字队形。集群营巢。上海全年可见。

校区分布 华东师大（中北、闵行）、复旦大学（江湾）、同济大学（四平路）、上海交大（闵行）、上应大（奉贤）、上师大（奉贤）、上海海洋（临港）、上海海事（临港）。常见度：少见。

地理分布 国内分布于东北（吉林和辽宁）、华北（北京、天津和河北）、华东、华中、华南、西北（除新疆外）、西南（除西藏外）和港澳台地区。国外分布于非洲、欧洲、亚洲和大洋洲。

夜鹭

学名 *Nycticorax nycticorax* (Linnaeus, 1758)
英文名 Black-crowned Night Heron
形态 体型中等(体长约61 cm),头大而体壮,黑白为主。虹膜鲜红色,喙黑色,脚污黄色。成鸟:顶冠黑色,颈和胸白色,枕具两条白色的丝状羽;背黑色,两翼和尾灰色。雌鸟体型较雄鸟小。亚成鸟虹膜橘黄色,身体具褐色纵纹和斑点。
习性 白天集群在树上休息;黄昏时分散进食,发出深沉的“呱呱”声;取食于稻田、草地、水渠两旁,以及水边灌丛和树林,能将食物中无法消化的部分(虾壳、蟹壳等)在胃中压缩成食茧(食丸)后吐出。结群在水边悬枝上营巢,甚喧哗。上海全年可见。
校区分布 华东师大(中北)、复旦大学(江湾)、同济大学(四平路)、上海交大(闵行)、上应大(奉贤)、上师大(奉贤)、上海海洋(临港)、上海海事(临港)。常见度:偶见。
地理分布 国内除西藏外,各地广布。国外分布于美洲、非洲、欧洲、亚洲(日本、印度和东南亚)。

成鸟

亚成鸟

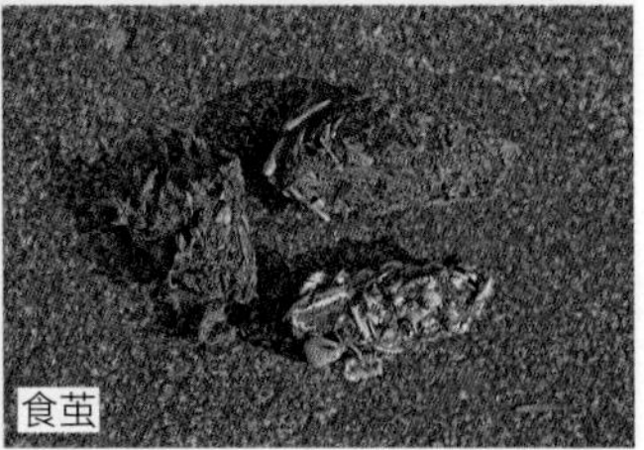
食茧

黑鳽

学名 *Ixobrychus flavicollis* (Latham, 1790)
英文名 Black Bittern **别名** 黑苇鳽
形态 体型中等(体长约54 cm)。虹膜红色或褐色,喙黄褐色,脚黑褐色为主。雄鸟:通体青灰色(在野外看似黑色),颈侧黄色,喉具黑色和黄色纵纹。雌鸟:胸褐色较浓,腹白色较多。
习性 性羞怯。白天喜隐藏于森林、树丛、灌丛,以及植物茂密的沼泽地,夜晚飞至其他地点进食。营巢于水面或沼泽上方的植被中。上海全年可见。
校区分布 复旦大学(江湾)。常见度:罕见。
地理分布 国内分布于华北(北京)、华东(除山东外)、华中、华南、西北(陕西和甘肃)、西南(云南、四川和贵州)和港澳台地区。国外分布于印度、东南亚至大洋洲。

黄苇鳽

学名 *Ixobrychus sinensis* (Gmelin, 1789)

英文名 Yellow Bittern **别名** 黄斑苇鳽

形态 体型较小（体长约32 cm），淡黄色和黑色为主。虹膜黄色，眼周的裸露皮肤黄绿色；喙绿褐色；脚黄绿色。成鸟：顶冠黑色（雌鸟比雄鸟色浅），背淡黄褐色，腹淡黄色，黑色的飞羽与淡黄色的覆羽成强烈对比。亚成鸟：似成鸟，但褐色较浓，全身满布纵纹，两翼和尾黑色。

习性 喜河湖港汊地带的河流和水道边的浓密芦苇丛，也喜水边灌丛和稻田。上海春夏季可见。

校区分布 复旦大学（江湾）。常见度：罕见。

地理分布 国内除青海、新疆和西藏外，各地广布。国外分布于印度、东亚至菲律宾、印度尼西亚、密克罗尼西亚联邦、巴布亚新几内亚。

成鸟

亚成鸟

成鸟

鹗

学名 *Pandion haliaetus* (Linnaeus, 1758)

英文名 Osprey

形态 体型中等(体长约55 cm),褐色和黑白为主。虹膜黄色;喙黑色,蜡膜灰色;脚灰色。冠羽短,颜色较深,可竖立。头白色,具特征性的黑色贯眼纹。胸具褐色羽毛形成的胸带;背主要呈暗褐色;腹白色。翼指5枚。

习性 捕鱼的鹰,常从水上悬枝深扎入水捕食猎物,或缓慢盘旋、振翼停在空中,然后扎入水中。上海春夏秋季可见。

校区分布 复旦大学(江湾)。常见度:偶见。

地理分布 全国广布。国外遍布全球。

苍鹰

学名 *Accipiter gentilis* (Linnaeus, 1758)

英文名 Northern Goshawk

形态 体型较大（体长约56 cm）。虹膜黄色；喙黑色，基部稍呈蓝色；脚黄色。无冠羽或喉中线，具宽的白色眉纹；两翼宽圆，能作快速翻转和扭绕。背青灰色；腹白色，具褐色横斑。亚成鸟脚黄色；背褐色较浓，羽缘色浅并具鳞状纹；腹具偏黑色的粗纵纹。翼指6枚。

习性 主要栖息于林地；主食鸽类，也捕食其他鸟类、哺乳类（如野兔）。上海全年可见。

校区分布 复旦大学（江湾）。常见度：罕见。

地理分布 国内除台湾外，各地广布。国外分布于北美洲、欧洲、亚洲和非洲北部。

成鸟

成鸟

亚成鸟

赤腹鹰

学名 *Accipiter soloensis* (Horsfield, 1821)

英文名 Chinese Sparrowhawk

形态 体型较小(体长约33 cm)。虹膜近黑色(雄)或黄色(雌);喙橘黄色,末端黑色;脚橘黄色。背淡蓝灰色,羽尖略具白色,外侧尾羽具不明显的黑色横斑;腹红褐色。成鸟翼下除初级飞羽的羽端黑色外,几乎全白。翼指4枚。

习性 喜开阔林区。主食小鸟,也吃青蛙;常从停息处出击捕食,动作快,有时在空中盘旋。上海春夏秋季可见。

校区分布 复旦大学(江湾)。常见度:罕见。

地理分布 国内分布于华北(除内蒙古外)、华东、华中、华南、西北(陕西)、西南(除西藏外)和港澳台地区。国外分布于东南亚和新几内亚岛。

雄

雄

雌

灰脸鵟鹰

学名 *Butastur indicus* (Gmelin, 1788)

英文名 Grey-faced Buzzard

形态 体型中等（体长约45 cm），褐色为主。虹膜黄色；喙灰色，蜡膜黄色；脚黄色。头侧近黑；颏和喉白色，具黑色的顶冠纹、髭纹和白色眉纹。背褐色，具近黑色的纵纹和横斑；胸褐色，具黑色的细纹。翼指5枚。尾细长，末端平。

习性 栖息于海拔1 500 m及以下的开阔林区。飞行缓慢、沉重，喜从树上停息处出击捕食。上海春夏秋季可见。

校区分布 复旦大学（江湾）、上海海洋（临港）。常见度：罕见。

地理分布 国内分布于东北、华北、华东、华中、华南、西北（陕西和青海）、西南（除西藏外），以及台湾。繁殖于东北亚；越冬在东南亚。

普通鵟

学名 *Buteo japonicus* Temminck & Schlegel, 1844

英文名 Eastern Buzzard

形态 体型略大(体长约55 cm),红褐色为主。虹膜黄色至褐色;喙灰色,末端黑色,蜡膜黄色;脚黄色。脸侧淡黄色,具近红色细纹,栗色的髭纹显著。背深红褐色;腹偏白色,具棕色纵纹;两胁和大腿沾棕色。初级飞羽基部具白色块斑;两翼在飞行时宽而圆,翼指5枚。尾近末端处常具黑色横纹。

习性 喜开阔的原野;在热气流上高高翱翔或停在空中振翼,在裸露的树枝上停息。上海春夏秋季可见。

校区分布 复旦大学(江湾)、上海海洋(临港)、上海海事(临港)。常见度:罕见。

地理分布 全国广布。国外繁殖于古北界和喜马拉雅山南麓,在北非、印度和东南亚越冬。

白胸苦恶鸟

学名 *Amaurornis phoenicurus* (Pennant, 1769)
英文名 White-breasted Waterhen
形态 体型略大(体长约33 cm),深青灰色和白色为主。虹膜红色;喙黄绿色,上喙基部和额甲带红色;脚黄色。顶冠和背深青灰色,脸、额、胸和上腹白色,下腹和尾下棕色。
习性 通常单只活动,在水边灌丛、湖边、河滩、红树林和旷野走动、觅食;发情期的晨昏和夜晚常久鸣不息,鸣声响亮,似"苦恶、苦恶、苦恶",故名。上海全年可见。
校区分布 上海交大(闵行)、上应大(奉贤)、上师大(奉贤)、上海海洋(临港)。常见度:罕见。
地理分布 国内分布于东北(吉林和辽宁)、华北(除内蒙古外)、华东、华中、华南、西北(陕西、宁夏和甘肃)、西南和港澳台地区。国外分布于印度和东南亚。

白骨顶

学名 *Fulica atra* (Linnaeus, 1758)　**英文名** Common Coot
别名 骨顶鸡
形态 体型较大（体长约40 cm），黑色为主。虹膜红色；喙白色；脚灰绿色，趾间具瓣状蹼。头具白色额甲，体羽黑色或暗灰黑色，仅飞行时可见翼上狭窄的近白色后缘。
习性 强水栖性和群栖性，主要在水体活动，常潜入湖底觅食水草，起飞前在水面上长距离助跑；在繁殖期相互争斗追打。上海春夏秋季可见。
校区分布 复旦大学（江湾）、上海海洋（临港）。常见度：罕见。
地理分布 全国广布。国外分布于古北界、中东和南亚次大陆，在菲律宾越冬，偶至印度尼西亚；也见于新几内亚、澳大利亚和新西兰。

黑水鸡

学名 *Gallinula chloropus* (Linnaeus, 1758)

英文名 Common Moorhen **别名** 红骨顶

形态 体型中等(体长约31 cm),黑褐色为主。额甲亮红;虹膜红色;喙黄绿色,基部红色;脚灰绿色,趾间无蹼。两肋具白色线条,尾下具两块白斑(尾上翘时白斑显露)。

习性 水栖性强,多见于湖泊、池塘、运河等水体,以及水边灌丛;常在水中慢慢游动,同时在浮游植物间翻拣食物,但也取食于开阔草地。尾不停上翘;不善飞,起飞前先在水上助跑很长一段距离。上海全年可见。

校区分布 复旦大学(江湾)、上海交大(闵行)、上应大(奉贤)、上海海洋(临港)、上海海事(临港)。常见度:少见。

地理分布 全国广布。除大洋洲外,几乎遍布全球。

成鸟 成鸟

雏鸟(左) 亚成鸟

红脚田鸡

学名 *Zapornia akool* (Sykes, 1832)　**英文名** Brown Crake

别名 红脚苦恶鸟

形态 体型中等(体长约28 cm)。虹膜红色;喙黄绿色,基部黄色;脚暗红色。背全橄榄褐色,脸和胸青灰色,腹和尾下褐色;体羽无横斑。

习性 性羞怯,主要栖息于植物茂密处或水边草丛中;多在黄昏活动,尾不停地抽动。上海全年可见。

校区分布 复旦大学(江湾)。常见度:罕见。

地理分布 国内分布于华东、华中及华南。国外分布于南亚次大陆至中南半岛(东北部)。

环颈鸻

学名 *Charadrius alexandrinus* Linnaeus, 1758

英文名 Kentish Plover

形态 体型较小（体长约15 cm），褐色和白色为主。虹膜褐色；喙短，黑色；脚黄褐色至黑色。繁殖羽：顶冠棕色（雄）或褐色（雌），白色颈环明显，胸侧具黑色（雄）或褐色（雌）斑块，不相连。非繁殖羽：雌雄相似，头部缺少黑色和棕色，胸侧的斑块为浅淡的灰褐色，面积明显缩小。

习性 单独或成小群觅食，常与其他涉禽混群于海滩或近海岸的多沙草地，也在沿海河流等水体和沼泽地活动。上海春秋冬季可见。

校区分布 上海海洋（临港）。常见度：罕见。

地理分布 国内分布于东北、华北（除内蒙古外）、华东、华中、华南和港澳台地区。国外分布于美洲、非洲和古北界的南部，在南方越冬。

繁殖期

非繁殖期

金眶鸻

学名 *Charadrius dubius* Scopoli, 1786

英文名 Little Ringed Plover

形态 体型较小(体长约16 cm),黑白和灰色为主。虹膜褐色;喙短,黑色;脚黄色。繁殖羽:顶冠前部黑色,具黑色贯眼纹,金色眼圈明显;黑色胸带完整,不断开。非繁殖羽:顶冠、贯眼纹、胸带均棕褐色,眼圈灰白色。

习性 通常出现在沿海河流等水体,以及河口沙洲、沼泽地带和沿海滩涂;有时也见于内陆。上海春夏秋季可见。

校区分布 上海海洋(临港)。常见度:罕见。

地理分布 国内除云南和贵州外,各地广布。国外分布于古北界、东南亚至新几内亚岛,在南方越冬。

繁殖期

非繁殖期

水雉

学名 *Hydrophasianus chirurgus* (Scopoli, 1786)

英文名 Pheasant-tailed Jacana

形态 体型略大（体长约33 cm）。虹膜黄色，喙灰蓝色，脚黄绿色。繁殖羽：头、颏、喉和前颈白色；后颈金黄色；枕黑色，往两侧延伸成一条黑线，沿颈侧而下与胸的黑色相连，将前颈的白色和后颈的金黄色截然分开；腹棕褐色；4枚中央尾羽特别伸长。非繁殖羽：顶冠和后颈黑褐色；眉纹白色；颈侧具黄色纵带，一条粗的黑褐色贯眼纹沿颈侧黄色纵带前面而下，与宽阔的黑褐色胸带相连；腹白色；尾短。

习性 常在池塘、小型湖泊等水体的浮叶植物（如睡莲、芡实）的叶片上行走，挑拣觅食，间或短距离跃飞到新的取食点。一雌多雄制，雄鸟负责孵卵和育雏。上海春夏秋季可见。

校区分布 复旦大学（江湾）。常见度：罕见。

地理分布 国内分布于华北（除内蒙古外）、华东、华中、华南、西北（陕西）、西南（云南和四川）和港澳台地区。国外分布从印度至东南亚。

繁殖期

繁殖期

非繁殖期

矶鹬

学名 *Actitis hypoleucos* (Linnaeus, 1758)

英文名 Common Sandpiper

形态 体型略小（体长约20 cm），褐色和白色为主。虹膜褐色，喙深灰色，脚灰绿色。眉纹白色或淡黄色，延伸至眼后。翼不到尾，飞羽近黑色；翼上具白色横纹（飞行时露出），翼下具黑色与白色横纹。背褐色，腰无白色；外侧尾羽无白色横斑。胸侧具褐灰色斑块；腹白色。

习性 活动在从沿海滩涂和沙洲至海拔1 500 m的山地稻田、溪流、河岸、水边灌丛。性情活跃，喜光顾不同生境，行走时头不停地点动，并具两翼僵直滑翔的特殊姿势。上海全年可见。

校区分布 复旦大学（江湾）、上海海洋（临港）、上海海事（临港）。常见度：罕见。

地理分布 全国广布。国外繁殖于古北界和喜马拉雅山南麓，越冬在非洲、南亚次大陆、东南亚至澳大利亚。

扇尾沙锥

学名 *Gallinago gallinago* (Linnaeus, 1758)

英文名 Common Snipe

形态 体型中等(体长约26 cm),色彩明亮。虹膜褐色;喙长约为头长的1.5倍,褐色,基部淡黄色;脚灰绿色。眼的下条纹和贯眼纹色深。背深褐色,具白色和黑色的细纹。两翼细而尖;肩羽外缘色浅,比内缘宽;肩部线条比居中线条色浅。胸淡黄色,具褐色纵纹。

习性 多栖息在沼泽地带和稻田,以及水边灌丛等水畔。通常隐蔽在高大的芦苇等草丛中,被驱赶时先跳出来,然后作锯齿形飞行,同时发出警告声。空中炫耀时向上攀升后俯冲,外侧尾羽伸出,颤动有声。上海春秋季可见。

校区分布 上应大(奉贤)、上海海洋(临港)、上海海事(临港)。常见度:罕见。

地理分布 全国广布。国外繁殖于古北界,越冬在非洲、印度和东南亚。

大沙锥

学名 *Gallinago megala* (Swinhoe, 1861)

英文名 Swinhoe's Snipe

形态 体型略大(体长约28 cm),色彩明亮。虹膜褐色;喙褐色,基部淡黄色;脚灰绿色。与扇尾沙锥相似,区别在于:尾超过脚,尾端两侧白色较多;飞行时翼上无白色后缘,翼下缺少白而宽的横纹;喙长为头长的1.6～2倍。

习性 栖息在沼泽、湿润草地和稻田等水体,以及水边灌丛。不喜飞行,起飞和飞行较缓慢而稳定。上海春夏秋季可见。

校区分布 复旦大学(江湾)。常见度:罕见。

地理分布 全国广布。国外繁殖于东北亚,越冬在马来西亚、文莱、印度尼西亚至澳大利亚。

丘鹬

学名 *Scolopax rusticola* Linnaeus, 1758

英文名 Eurasian Woodcock

形态 体型较大(体长约35 cm)。虹膜深褐色;喙浅灰黄色,末端黑褐色;脚粉灰色至灰黑色。顶冠具数条黑色横斑,枕具斑纹。眼位于头侧后部。翼较宽,起飞振翼时“嗖嗖”作响。腿短。

习性 夜行性的林鸟,白天隐蔽,伏于地面,夜晚飞至开阔地进食;也活动于水边灌丛。飞行缓慢,显得笨重;于树顶高度起飞时喙朝下。上海春秋季可见。

校区分布 复旦大学(江湾)。常见度:罕见。

地理分布 全国广布。国外分布于亚洲、欧洲大部、非洲和北美洲。

林鹬

学名 *Tringa glareola* Linnaeus, 1758

英文名 Wood Sandpiper

形态 体型略小(体长约20 cm),灰褐色为主。虹膜褐色,喙黑色,脚淡黄色至灰绿色。眉纹白色,延伸至眼后。上背灰褐色,具很多斑点;腰白色;腹和臀偏白;尾白色,具褐色横斑。与白腰草鹬的区别:外形更纤细;眉纹更长;翼下颜色更浅;腿更长。

习性 喜沿海泥滩和水体,也出现在海拔750 m以下的内陆稻田、淡水沼泽和水边灌丛。通常结成达20余只的松散小群,有时也与其他涉禽混群。上海春秋季可见。

校区分布 复旦大学(江湾)、上师大(奉贤)。常见度:罕见。

地理分布 全国广布。国外繁殖于亚欧大陆北部,越冬在非洲、南亚次大陆、东南亚和澳大利亚。

白腰草鹬

学名 *Tringa ochropus* (Linnaeus, 1758)

英文名 Green Sandpiper

形态 体型中等（体长约23 cm），矮壮，绿褐色和黑白为主。虹膜褐色，喙灰褐色，脚灰绿色。上背绿褐色，杂以白点；两翼和下背几乎全黑色；尾白色，末端具黑色横斑。腹和臀白色。飞行时，黑色的翼和尾横斑、白色的腰极明显，且脚伸至尾后。

习性 常单独活动，喜池塘、沼泽、沟壑和水边灌丛。受惊起飞时似沙锥，呈锯齿形飞行。上海全年可见。

校区分布 复旦大学（江湾）、上海交大（闵行）。常见度：罕见。

地理分布 全国广布。繁殖于亚欧大陆北部，越冬在非洲、南亚次大陆和东南亚。

灰翅浮鸥

学名 *Chlidonias hybrida* (Pallas, 1811)

英文名 Whiskered Tern **别名** 须浮鸥

形态 体型略小(体长约25 cm),浅色为主。虹膜深褐色,喙红色(繁殖期)或黑色(非繁殖期),脚红色。尾浅开叉。繁殖羽:额至枕皆为黑色,胸和腹深灰色。非繁殖羽:额白色;顶冠白色,仅后部具黑色纵纹;枕黑色。

习性 结小群活动,偶成大群;常至离海20 km左右的内陆,在水体、稻田和水边灌丛上空觅食,取食时扎入浅水或低空掠过水面。上海全年可见。

校区分布 复旦大学(江湾)、上海海洋(临港)。常见度:罕见。

地理分布 国内除西藏和贵州外,各地广布。国外分布于非洲南部、古北界西南部、南亚和澳大利亚。

白翅浮鸥

学名 *Chlidonias leucopterus* (Temminck, 1815)

英文名 White-winged Tern

形态 体型较小(体长约23 cm)。虹膜深褐色,喙红色(繁殖期)或黑色(非繁殖期),脚红色。繁殖羽:头、背、翼下覆羽和胸黑色,与白色的尾和浅灰色的翼上覆羽形成明显反差。非繁殖羽:头后具灰褐色的杂斑,背浅灰色,腹白色。尾浅开叉。

习性 喜沿海地区、港湾和河口,成小群活动,常停息于杆状物上;也到内陆水体、稻田、沼泽和水边灌丛觅食。取食时低空掠过水面,顺风捕捉昆虫。上海全年可见。

校区分布 上海海洋(临港)。常见度:罕见。

地理分布 全国广布。国外繁殖于南欧、波斯湾、亚洲其他国家和俄罗斯中部;越冬在非洲南部、印度尼西亚、澳大利亚和新西兰。

繁殖期

非繁殖期

西伯利亚银鸥

学名 *Larus vegae* Palmén, 1887　**英文名** Vega Gull

形态 我国有2个亚种，上海的校园以指名亚种（*L. v. vegae*）为主。体型较大（体长约62 cm），灰色为主。虹膜淡黄色至偏褐色；喙黄色，上具红点；脚粉红色。出巢后第四年性成熟，期间秋季更换的新羽——冬羽各不相同：第一年冬羽的肩羽具锚型斑纹；第二年冬羽的肩具成鸟一样的灰色羽毛；第三年冬羽的覆羽、三级飞羽和尾羽具褐斑；成鸟冬羽的头至胸具褐斑，初级飞羽的黑色大多从外侧向内延伸至第5～7枚，多数至第6枚。

习性 松散的群栖性。栖息于沿海、内陆水域，以及水边灌丛、垃圾堆等处。上海春冬季可见。

校区分布 上海海洋（临港）。常见度：罕见。

地理分布 指名亚种在国内分布于山东至广东的东部沿海，以及内蒙古、宁夏和湖北。国外繁殖于西伯利亚地区，越冬在亚洲南方。

冬羽（第一年）　冬羽（第一年）　冬羽（第二年）
冬羽（第三年）　冬羽（成鸟）　冬羽（成鸟）

珠颈斑鸠

学名 *Spilopelia chinensis* (Scopoli, 1786)

英文名 Spotted Dove

形态 体型中等（体长约30 cm），粉褐色为主。虹膜橘红色，喙灰黑色，脚粉红色。颈侧具满是白点的黑色块斑。飞羽较体羽颜色深；尾略显长，外侧尾羽末端的白色甚宽。

习性 多活动在树林、灌丛和草地，在地面取食。往往与人类共栖，常会在空调外机架处筑巢。多成对立于开阔的路面，受干扰后缓缓振翼，贴地飞行。上海全年可见。

校区分布 各校区可见。常见度：多见。

地理分布 国内分布于华北、华东、华中、华南（广东和广西）、西北（除新疆外）、西南（除西藏外）和港澳台地区。国外分布于东南亚，引种至澳大利亚等地。

山斑鸠

学名 *Streptopelia orientalis* (Latham, 1790)

英文名 Oriental Turtle Dove

形态 体型中等（体长约32 cm），粉红色为主。虹膜橘红色，喙灰黑色，脚粉红色。背具深色扇贝状斑纹，羽缘棕色；腰灰色；尾羽近黑色，尾梢浅灰色；腹常偏粉色。与珠颈斑鸠的主要区别在于颈侧明显具带黑白色条纹的块状斑纹。

习性 主要栖息于树林、灌丛和草地，多成对在开阔的农耕区、村庄和寺院周围的地面取食。上海全年可见。

校区分布 复旦大学（江湾）、上海海洋（临港）。常见度：罕见。

地理分布 国内分布于华北、华东、华中、华南、西北（除新疆外）、西南（除西藏外）和港澳台地区。国外分布于喜马拉雅山南麓、印度和东北亚。

大杜鹃

学名 *Cuculus canorus* (Linnaeus, 1758)

英文名 Common Cuckoo

形态 体型中等（体长约32 cm），灰色为主。虹膜和眼圈黄色；上喙深褐色，下喙黄色；脚黄色。背灰色；腹近白色，具黑色横斑；尾偏黑色。雌鸟另有栗色型：主要为棕色，背具黑色横斑。亚成鸟的枕具白色块斑。

习性 喜开阔的林地和大片的芦苇地，多活动于树丛和灌丛中；巢寄生，有时停在电线上搜寻大苇莺的巢。上海春夏秋季可见。

校区分布 复旦大学（江湾）。常见度：罕见。

地理分布 国内分布于华北（除内蒙古外）、华东、华中、华南、西北（陕西和青海）和西南，以及澳门。国外繁殖于亚欧大陆，越冬在非洲和东南亚。

中杜鹃

学名 *Cuculus saturatus* (Blyth, 1843)

英文名 Himalayan Cuckoo

形态 体型略小(体长约26 cm),灰色为主。虹膜红褐色,眼圈黄色;喙铅灰色;脚黄色。背灰褐色;胸灰色,具黑色横斑;尾纯黑灰色,无横斑;腹淡黄色,与两胁一样具宽的黑色横斑。与大杜鹃的区别在于胸横斑较粗、较宽。雌鸟也有栗色型:主要为棕色,背具黑色横斑。

习性 活动在树丛,隐于林冠;巢寄生。在上海春夏秋季有活动,但除春季繁殖期叫声非常频繁而"示踪"外,很难见到实体。

校区分布 复旦大学(江湾)。常见度:罕见。

地理分布 国内分布于华北、华东、华中(湖北和湖南)、华南、西北(陕西)、西南(除西藏外),以及香港和澳门。国外繁殖于亚欧大陆北部和喜马拉雅山南麓,越冬在东南亚。

短耳鸮

学名 *Asio flammeus* (Pontoppidan, 1763)

英文名 Short-eared Owl

形态 体型中等（体长约38 cm），黄褐色为主。虹膜鲜黄色，眼圈暗色；喙深灰色；脚灰白色。面庞显著，耳羽簇短小。背黄褐色，密布黑色和淡黄色纵纹；腹淡黄色，具深褐色纵纹。翼长，飞行时黑色腕斑显而易见。

习性 喜树林和有草的开阔地，能将食物中无法消化的部分（骨骼、皮毛和羽毛等）在胃中压缩成食茧（食丸）吐出（其他鸮类亦有此习性）。上海春秋冬季可见。

校区分布 上海海洋（临港）。常见度：罕见。

地理分布 全国广布。国外分布于东南亚、全北界和南美洲。

食茧

日本鹰鸮

学名 *Ninox japonica* (Temminck & Schlegel, 1844)
英文名 Northern Boobook **别名** 北鹰鸮
形态 体型中等（体长约30 cm）。虹膜鲜黄色；喙蓝灰色，喙基具白斑，蜡膜绿色；脚黄色。面庞不明显，颏具白斑，无耳羽簇。背深褐色；腹淡黄色，具较宽的红褐色纵纹；臀具白斑。
习性 生境以树林为主。性活跃，黄昏前在林缘追捕空中昆虫；有时以家族为群围绕林中空地一起觅食，不时鸣叫，尤其是月悬空中时更明显。上海全年可见。
校区分布 复旦大学（江湾）。常见度：罕见。
地理分布 国内分布于东北、华北（除山西外）、华东（除安徽和江西外）和华中（河南和湖北）。国外分布于南亚次大陆、东北亚和东南亚。

红角鸮

学名 *Otus sunia* (Hay, 1845)

英文名 Oriental Scops Owl **别名** 东方角鸮

形态 体型较小(体长约20 cm)。虹膜鲜黄色,喙黑灰色,脚灰褐色。面庞和耳羽簇都显著。体羽多纵纹,有棕色型和灰色型之分。

习性 纯夜行性,喜有树丛的开阔原野。上海冬季可见。

校区分布 上海海洋(临港)。常见度:罕见。

地理分布 国内分布于华东(除山东外)、华中(湖北)、华南和西南(除西藏外),以及香港。国外分布于古北界西部至中东和中亚。

棕色型

灰色型

灰色型

白腰雨燕

学名 *Apus pacificus* (Latham, 1801)　**英文名** Pacific Swift

形态 体型略大（体长约18 cm），污褐色为主。虹膜深褐色，喙黑色，脚偏紫色。颏偏白色。腰上有白色的马鞍形斑。尾长，尾叉深。

习性 成群活动于开阔地带、树丛和灌丛，常与其他雨燕混合；飞行比针尾雨燕速度慢，觅食时做不规则的振翼和转弯。上海春夏秋季可见。

校区分布 上海海洋（临港）。常见度：罕见。

地理分布 国内分布于东北、华北（除山西外）、华东（山东、江苏和上海）、华中（河南）、华南（广东和海南）、西北（宁夏、甘肃和新疆）、西南（西藏）和港澳台地区。国外繁殖于西伯利亚和东亚，越冬在东南亚、新几内亚岛和澳大利亚。

白喉针尾雨燕

学名 *Hirundapus caudacutus* (Latham, 1801)

英文名 White-throated Needletail

形态 体型较大（体长约20 cm）。虹膜深褐色，喙黑色，脚黑色。颏和喉白色。尾下覆羽白色，三级飞羽具小块白斑；背褐色，具银白色的马鞍形斑块。

习性 多停息在树丛和灌丛，经常快速飞越森林和山脊，有时低飞于水上并取食。上海春夏秋季可见。

校区分布 上海海洋（临港）。常见度：罕见。

地理分布 国内分布于东北、华北（除山西外）、华东、华中（湖北和湖南）、华南（广东和广西）、西北（甘肃和青海）、西南（贵州）和港澳台地区。国外繁殖于亚洲北部和喜马拉雅山南麓，越冬时南至澳大利亚和新西兰。

三宝鸟

学名 *Eurystomus orientalis* (Linnaeus, 1766)

英文名 Oriental Dollarbird

形态 体型中等（体长约30 cm）。虹膜褐色，喙红色（亚成鸟为黑色），脚橘黄色或红色。整体呈现为暗蓝灰色（深色），喉为亮丽的蓝色，飞行时两翼中心有对称、亮蓝色的圆圈状斑块。

习性 经常停息在林边开阔地的枯树上，起飞追捕过往的昆虫，或向下俯冲以捕捉地面昆虫。飞行姿势似夜鹰，笨重，胡乱盘旋或拍打双翼。往往两三只个体在黄昏一起翻飞或俯冲，求偶期尤其明显。因其头和喙看似猛禽，有时会遭成群小鸟的围攻。上海全年可见。

校区分布 复旦大学（江湾）。常见度：罕见。

地理分布 国内除新疆、西藏和青海外，各地广布。国外分布于东亚、东南亚至新几内亚岛和澳大利亚。

普通翠鸟

学名 *Alcedo atthis* (Linnaeus, 1758)

英文名 Common Kingfisher

形态 体型较小（体长约15 cm），亮蓝色（或绿色）和红棕色为主。虹膜褐色，喙黑色（雄）或下喙基部橘黄色（雌），脚红色。颏白色。颈侧具白色斑点，背为金属般的浅蓝绿色，腹橙棕色。亚成鸟体色暗淡，具深色胸带。

习性 常出没于开阔的淡水湖泊、溪流、运河和鱼塘，以及红树林等水边灌丛；停息在岩石或探出的枝头上，四顾寻鱼而入水捉之。上海全年可见。

校区分布 复旦大学（江湾）、上海交大（闵行）、上应大（奉贤）、上师大（奉贤）、上海海洋（临港）、上海海事（临港）。常见度：罕见。

地理分布 国内除新疆外，各地广布。国外分布于亚欧大陆、印度尼西亚和巴布亚新几内亚。

雄

雌

斑鱼狗

学名 *Ceryle rudis* (Linnaeus, 1758)　**英文名** Pied Kingfisher

形态 体型中等（体长约27 cm），黑白双色为主。虹膜褐色，喙黑色，脚黑色。冠羽较小，具显眼的白色眉纹；背黑色，大多具白斑；初级飞羽和尾羽基部白色。上胸具宽阔的黑色条带，其下具狭窄的黑带；腹白色。雌鸟上胸的黑色条带不如雄鸟的宽。

习性 常盘桓于水面觅食的鱼狗，常成对或结群活动在较大的水体和红树林等水边灌丛，喜嘈杂。上海全年可见。

校区分布 复旦大学（江湾）、上海海洋（临港）。常见度：罕见。

地理分布 国内分布于华北（北京和天津）、华东（除山东和安徽外）、华中、华南，以及香港和澳门。国外分布于印度（东北部）、斯里兰卡、中南半岛和菲律宾。

蓝翡翠

学名 *Halcyon pileata* (Boddaert, 1783)

英文名 Black-capped Kingfisher

形态 体型较大（体长约30 cm）。虹膜深褐色，喙红色，脚红色。头黑色，颈和胸白色。翼上覆羽黑色，飞行时白色翼斑显现；背为亮丽的蓝色（或蓝紫色）。两胁和臀沾棕色。

习性 喜大河两岸、河口，以及红树林等水边灌丛，常停息在悬于河上的枝头。上海全年可见。

校区分布 复旦大学（江湾）。常见度：罕见。

地理分布 国内除新疆、西藏和青海外，各地广布。国外繁殖于朝鲜，越冬至印度尼西亚。

戴胜

学名 *Upupa epops* Linnaeus, 1758　**英文名** Common Hoopoe

形态 体型中等（体长约30 cm），色彩鲜明。虹膜褐色；喙长且下弯，黑色；脚黑色。顶冠具长而耸立、粉棕色为主但末端黑色的丝状冠羽；头、上背、肩、胸和腹粉棕色，两翼和尾具黑白相间的条纹。

习性 性活泼，喜树林和开阔潮湿的草地，用长长的喙在地面翻找食物。有警情时冠羽立起，起飞后松弛懈下。上海全年可见。

校区分布 同济大学（四平路）、上海交大（闵行）、上师大（奉贤）、上海海洋（临港）。常见度：罕见。

地理分布 国内除海南外，各地广布。国外分布于非洲和亚欧大陆。

大斑啄木鸟

学名 *Dendrocopos major* (Linnaeus, 1758)

英文名 Great Spotted Woodpecker

形态 体型中等（体长约24 cm）。虹膜近红色，喙灰色，脚灰色。枕具狭窄的红色条带（雄鸟）或无条带（雌鸟）。胸近白色，具黑色纵纹；臀红色。

习性 林栖，在树洞营巢，主食昆虫和树皮下的蛴螬。上海全年可见。

校区分布 复旦大学（江湾）。常见度：罕见。

地理分布 国内分布于辽宁、河北、河南、山西、山东、安徽、江苏和上海。国外分布于亚欧大陆的温带林区、印度东北部和中南半岛。

雄

雌

红脚隼

学名 *Falco amurensis* Radde, 1863 **英文名** Amur Falcon

形态 体型较小(体长约31 cm),灰色为主。虹膜褐色;喙灰色,蜡膜红色;脚红色。雄鸟:翼下覆羽浅灰色,与黑色飞羽形成明显对比。雌鸟:顶冠灰色,具黑色纵纹;额和喉白色;眼下具偏黑色的线条;背和尾灰色,尾具黑色横斑;翼下覆羽白色,具黑色斑点和横斑;胸具醒目的黑色纵纹;腹乳白色,具黑色横斑。

习性 林栖,多在黄昏后捕食昆虫,喜立于电线上。迁徙时结成大群,多至数百只;常与黄爪隼混群。上海春夏秋季可见。

校区分布 复旦大学(江湾)、上海海洋(临港)。常见度:罕见。

地理分布 国内除海南外,各地广布。国外繁殖于俄罗斯西伯利亚至朝鲜北部,越冬在印度、缅甸和非洲。

雄

雌

游隼

学名 *Falco peregrinus* (Linnaeus, 1758)
英文名 Peregrine Falcon
形态 体型较大（体长约45 cm）而强壮，深色为主。虹膜黑色；喙灰色，蜡膜黄色；脚黄色。顶冠和脸颊近黑色或具黑色条纹；背深灰色，具黑色斑点和横纹；胸具黑色纵纹或无；腹白色，腹、腿和尾下大多具黑色横斑。雌鸟体型比雄鸟大。亚成鸟褐色较浓，腹具纵纹。
习性 林栖为主，常成对活动。从高空呈螺旋形向下猛扑猎物。世界上飞行最快的鸟种之一，有时作特技飞行。在悬崖上筑巢。上海全年可见。
校区分布 复旦大学（邯郸）。常见度：罕见。
地理分布 国内分布于东北、华北、华东（除江西和福建外）、华中、西北（陕西、宁夏和甘肃），以及海南和台湾。国外广布于世界各地。

燕隼

学名 *Falco subbuteo* (Linnaeus, 1758) **英文名** Eurasian Hobby
形态 体型较小(体长约30 cm),黑白为主。虹膜褐色;喙灰色,蜡膜黄色;脚黄色。背深灰色;翼很长;胸乳白色,具黑色纵纹;臀棕色。雌鸟体型比雄鸟大,褐色更多,腿和尾下覆羽细纹更多。
习性 栖息于海拔2 000 m以下的林地,喜开阔地带;飞行迅速,常在飞行中捕食昆虫和鸟类。上海春夏秋季可见。
校区分布 复旦大学(江湾)。常见度:罕见。
地理分布 国内分布于华东(除山东外)、华中(湖北和湖南)、华南(广东和广西)、西南(除西藏外),以及香港和台湾。国外分布于古北界、喜马拉雅山南麓、缅甸和非洲。

红隼

学名 *Falco tinnunculus* Linnaeus, 1758

英文名 Common Kestrel

形态 体型较小(体长约33 cm),红褐色为主。虹膜褐色;喙灰色,末端黑色,蜡膜黄色,具髭纹;脚黄色。雄鸟:顶冠和枕灰色,脸颊色浅;背红褐色,具斑点,略具黑色横斑;腹淡黄色,具较多黑色纵纹。雌鸟:体型比雄鸟略大;顶冠和枕褐色,比雄鸟的红褐色少,但粗横斑多。亚成鸟:似雌鸟,但纵纹较多。

习性 喜开阔原野,多停息在柱子或枯树上。在空中特别优雅,捕食时往往先懒懒地盘旋或相对不动地悬停在空中,然后猛扑猎物,也经常从地面捕捉猎物。上海全年可见。

校区分布 上师大(奉贤)、上海海洋(临港)和上海海事(临港)。常见度:罕见。

地理分布 全国广布。国外分布于非洲、古北界、印度和东南亚。

雄

雌

牛头伯劳

学名 *Lanius bucephalus* (Temminck & Schlegel, 1845)

英文名 Bull-headed Shrike

形态 体型中等(体长约19 cm),褐色为主。虹膜深褐色;喙灰色,末端黑色;脚铅灰色。顶冠褐色;初级飞羽基部具白色块斑,飞行时更明显;尾端白色。雄鸟:贯眼纹黑色,眉纹白色;背灰褐色;腹偏白色,略具黑色横斑;两胁沾棕色。雌鸟:整体褐色较浓,贯眼纹色浅。

习性 栖息于树林、灌丛和草地,喜次生植被和耕地。性凶猛,常将猎物挂在刺上,然后撕碎进食(其他伯劳亦有此行为)。上海春夏秋季可见。

校区分布 复旦大学(江湾)、上海海洋(临港)。常见度:罕见。

地理分布 国内分布于东北、华北(除内蒙古外)、华东、华中、华南、西北(陕西和宁夏)、西南(四川、重庆和贵州)和港澳台地区。国外分布于东北亚。

雄

雌

挂在刺上的猎获物

红尾伯劳

学名 *Lanius cristatus* (Linnaeus, 1758)

英文名 Brown Shrike

形态 体型中等(体长约20 cm),淡褐色为主。虹膜褐色,喙灰黑色,脚黑灰色。成鸟:顶冠和背褐色;前额灰色,眉纹白色,眼罩黑而宽;喉白色(雄)或淡橙黄色(雌);腹淡黄色。亚成鸟:背和体侧具深褐色、细小的鳞片状斑纹,而黑色眉纹使其区别于虎纹伯劳的亚成鸟。

习性 栖息在树林、灌丛、草地,喜开阔的耕地、次生林、人工林和庭院。常单独立于灌丛、电线及小树上,捕食飞行中的昆虫或猛扑地面上的小动物。上海春夏秋季可见。

校区分布 复旦大学(江湾)、同济大学(四平路)、上海海洋(临港)。常见度:罕见。

地理分布 国内分布于东北、华北、华东(除安徽和江西外)、华中(河南和湖北)、华南、西北(陕西、甘肃和青海)、西南(云南、四川、贵州)和港澳台地区。国外繁殖于东亚,越冬在印度、东南亚和新几内亚岛。

雄

雌

棕背伯劳

学名 *Lanius schach* (Linnaeus, 1758)
英文名 Long-tailed Shrike
形态 体型略大（体长约25 cm），棕色为主。虹膜褐色，喙黑色，脚黑色。顶冠和枕灰色或灰黑色；额、贯眼纹、两翼和尾黑色，但翼具一个白斑；颏、喉、胸和腹中心白色；背、腰和体侧红褐色。
习性 栖息于树林、灌丛和草地，喜开阔地带。常立于低树枝上，猛然飞出捕食空中和地面上的昆虫。上海全年可见。
校区分布 华东师大（闵行）、复旦大学（江湾）、同济大学（四平路）、上海交大（闵行）、上应大（徐汇、奉贤）、上师大（奉贤）、上海海洋（临港）、上海海事（临港）。常见度：多见。
地理分布 国内分布于华北（天津）、华东、华中、华南（广东和广西）、西北（陕西、甘肃和新疆）、西南（除西藏外），以及香港和澳门。国外分布于伊朗、印度、东南亚新几内亚岛。

楔尾伯劳

学名 *Lanius sphenocercus* Cabanis, 1873

英文名 Chinese Grey Shrike

形态 体型较大(体长约31 cm),灰色为主。虹膜褐色,喙灰色,脚黑色。贯眼纹黑色,眉纹白色。两翼黑色,具粗的白色横纹。中央尾羽三枚,黑色,羽端具狭窄的白色;外侧尾羽白色。

习性 栖息于树林、灌丛、农场和村庄附近。常在空中捕食昆虫、小型鸟类,并在开阔原野的突出树干、电线上停息。上海春秋冬季可见。

校区分布 上海海洋(临港)。常见度:罕见。

地理分布 国内分布于东北、华北、华东、华中、华南(广东和广西)、西北(除新疆外),以及台湾。国外分布于中亚、西伯利亚和朝鲜。

虎纹伯劳

学名 *Lanius tigrinus* (Drapiez, 1828) **英文名** Tiger Shrike

形态 体型中等（体长约19 cm），棕色为主。虹膜褐色，喙黑色，脚灰色。雄鸟：顶冠和枕灰色；眼先和贯眼纹黑色且宽；背、翼和尾浓栗色，大多具黑色横斑；腹几乎全为白色，仅两胁具零散褐色横斑。雌鸟：毛色不及雄鸟鲜亮；眼先和贯眼纹较雄鸟色浅；胸侧和两胁白色至淡棕色，杂有黑褐色横斑。

习性 栖息于树林、灌丛、草地，喜多林地带，常停息在林缘的突出树枝上，伺机捕食昆虫。上海春夏秋季可见。

校区分布 复旦大学（江湾）。常见度：罕见。

地理分布 国内除新疆、青海和海南外，各地广布。国外分布于从东亚到马来半岛和大巽他群岛。

雄

雌

亚成鸟

黑枕黄鹂

学名 *Oriolus chinensis* (Linnaeus, 1766)

英文名 Black-naped Oriole

形态 体型中等(体长约26 cm),黄色和黑色为主。虹膜红色,喙粉红色,脚灰黑色。贯眼纹和枕黑色;飞羽多为黑色。雄鸟:体羽艳黄色。雌鸟:色较暗淡,背橄榄黄色。亚成鸟:背橄榄色;腹近白色,具黑色纵纹。

习性 主要栖息于各种开阔林地和村庄。成对或以家族为群,常留在树上活动,但有时下至低处捕食昆虫。飞行呈波状,振翼幅度大,缓慢而有力。上海春夏季可见。

校区分布 复旦大学(江湾)、上海海洋(临港)。常见度:罕见。

地理分布 国内除新疆、青海和西藏外,各地广布。国外分布于印度和东南亚。

雄 雄 雌

发冠卷尾

学名 *Dicrurus hottentottus* (Linnaeus, 1766)

英文名 Hair-crested Drongo

形态 体型略大（体长约32 cm），整体黑色。虹膜暗红褐色，喙暗红至黑色，脚黑色。头具细长的羽冠；肩具蓝绿色金属光泽；体羽具闪烁的斑点；尾长而分叉，外侧尾羽末端钝而上翘，形似竖琴。

习性 栖息于树林。喜森林开阔处，有时（尤其晨昏）聚集在一起鸣唱，甚吵嚷。多从低空中捕食昆虫；常与其他鸟类混群并跟随猴子等大中型动物，捕食被惊起的昆虫。上海春夏季可见。

校区分布 上师大（奉贤）。常见度：罕见。

地理分布 广布于中国、印度和东南亚。

黑卷尾

学名 *Dicrurus macrocercus* (Vieillot, 1817)

英文名 Black Drongo

形态 体型中等（体长约30 cm），整体黑色。虹膜棕红色，喙黑色，脚黑色。体羽具辉蓝色金属光泽；尾长而叉深，在风中常上举成一奇特的角度。亚成鸟腹下面具近白色的横纹。

习性 栖息于开阔的树林、灌丛和草地，常站立在小树或电线上。上海春夏秋季可见。

校区分布 复旦大学（江湾）。常见度：罕见。

地理分布 国内除新疆和台湾外，各地广布。国外分布于伊朗至印度和东南亚。

灰喜鹊

学名　*Cyanopica cyanus* (Pallas, 1776)

英文名　Azure-winged Magpie

形态　体型较小（体长约35 cm）而细长。虹膜褐色，喙黑色，脚黑色。顶冠、耳羽和后枕黑色；翼天蓝色；尾长，蓝色，中央尾羽末端白色。

习性　栖息于树林、灌丛、草地。性吵嚷，常结群活动在开阔的松林、阔叶林和城镇公园，飞行时振翼快，并作长距离的无声滑翔；多在树上和地面取食果实、昆虫和动物尸体。上海全年可见。

校区分布　复旦大学（江湾）、上应大（奉贤）、上师大（奉贤）、上海海洋（临港）。常见度：多见。

地理分布　国内分布于华东（除山东和安徽外）、华中（湖北和湖南）、华南（广东和海南），以及甘肃、四川和澳门。国外分布于东北亚和欧洲伊比利亚半岛（可能为引入种）。

喜鹊

学名 *Pica serica* (Gould, 1845) **英文名** Oriental Magpie

形态 体型略小（体长约45 cm）。虹膜褐色，喙黑色，脚黑色。翼黑色，具辉蓝色金属光泽，翼肩具一大块白斑；腰白色；尾长，黑色，具辉蓝色金属光泽。

习性 适应性强，栖息生境多样，树林、灌丛、草地、农田和摩天大楼均可安家。结小群活动；多从地面取食，食性很广泛。巢为胡乱堆积的拱圆形结构，经年不变。上海全年可见。

校区分布 复旦大学（江湾）、上海交大（闵行）、上应大（徐汇、奉贤）、上师大（奉贤）。常见度：罕见。

地理分布 国内除新疆和西藏外，各地广布。国外分布于亚欧大陆、北非、加拿大（西部）和美国（加利福尼亚州西部）。

红嘴蓝鹊

学名 *Urocissa erythroryncha* (Boddaert, 1783)

英文名 Red-billed Blue Magpie

形态 体型大（体长约68 cm）。虹膜红色，喙鲜红色，脚鲜红色。头黑，顶冠白色。腹和臀白色。尾长，楔形；外侧尾羽黑色，中央尾羽蓝色，末端均为白色。

习性 栖息于树林、灌丛、草地。性喧闹，结小群活动，可主动围攻猛禽。以果实、小型鸟类及卵、昆虫和其他动物尸体为食，常在地面取食。上海全年可见。

校区分布 复旦大学（江湾）。常见度：罕见。

地理分布 国内分布于华东（除山东外）、华中、华南、西北（陕西和宁夏）、西南（除西藏外），以及香港和澳门。国外分布于喜马拉雅山南麓、印度、缅甸和中南半岛。

小太平鸟

学名 *Bombycilla japonica* (Siebold, 1824)

英文名 Japanese Waxwing

形态 体型略小（体长约16 cm）。虹膜褐色，喙近黑色，脚褐色。贯眼纹黑色，绕过冠羽延伸至头后。初级飞羽外缘白色，形成数条白色横纹（雄），或初级飞羽外翈白色，连成一条白色纵纹（雌）；次级飞羽羽尖、尾端和臀绯红色。

习性 栖息于树林、灌丛，常结群在果树间活动。上海春夏秋季可见。

校区分布 华东师大（闵行）、复旦大学（江湾）。常见度：罕见。

地理分布 国内分布于东北、华北、华东、华中、西北（陕西和青海）、西南（除西藏外），以及广东、香港和台湾。国外分布于俄罗斯（西伯利亚东部）和日本。

雄　雌

雄　雌

黄腹山雀

学名 *Pardaliparus venustulus* (Swinhoe, 1870)
英文名 Yellow-bellied Tit
形态 体型较小(体长约10 cm)。虹膜褐色,喙灰黑色,脚蓝灰色。翼上具两排白色斑点,腹黄色。雄鸟:头和胸兜黑色,颊斑和颈后斑点白色;背蓝灰色,腰银白色。雌鸟:头灰色较浓,但眉色略浅;喉白色,喉与颊斑之间具灰色的下颊纹。亚成鸟:似雌鸟但颜色较暗,背多橄榄色,喉淡黄色。
习性 栖息于树林灌丛、草地,多结群活动。上海全年可见。
校区分布 上海交大(闵行)、上海海洋(临港)。常见度:偶见。
地理分布 我国特有种。除西北外,其他地区广布。

雄　雌　雄　亚成鸟

大山雀

学名 *Parus major* (Linnaeus, 1758) **英文名** Japanese Tit

形态 体型较大（体长约 14 cm）而结实，黑灰白三色为主。虹膜暗棕色，喙黑色，脚深灰色。头和喉灰黑色，与脸侧和枕白斑形成强烈对比。翼上具一道醒目的白色条纹，胸中央具一道向下的黑色条带（胸带）。雄鸟胸带较宽，亚成鸟胸带减为胸兜。

习性 栖息于树林、灌丛、草地，常光顾红树林、林园和开阔林地。成对或成小群活动；性活跃，时而在树顶，时而在地面。上海全年可见。

校区分布 华东师大（闵行）、复旦大学（江湾）、同济大学（四平路）、上海交大（闵行）、上应大（徐汇、奉贤）、上师大（奉贤）、上海海洋（临港）。常见度：多见。

地理分布 国内分布于东北、华北、华东（除江西和福建外）、西北（除新疆外）、西南（四川和重庆），以及湖北。国外广布于亚洲，以及欧洲大部、非洲北部。

中华攀雀

学名 *Remiz consobrinus* (Swinhoe, 1870)

英文名 Chinese Penduline Tit

形态 体型小(体长约11 cm)。虹膜深褐色,喙灰黑色,脚蓝灰色。雄鸟:顶冠灰色,脸罩黑色;背棕色,尾凹形。雌鸟和亚成鸟:似雄鸟,但颜色暗,脸罩略呈深色。

习性 栖息于水边灌丛和草丛。冬季成群,特别喜欢在芦苇地活动。上海冬春季可见。

校区分布 上应大(奉贤)、上师大(奉贤)。常见度:偶见。

地理分布 国内分布于东北、华北(除山西外)、华东(除江西和福建外)、华中和港澳台地区,以及宁夏、云南和广东。国外分布于俄罗斯(东部)、日本和朝鲜半岛。

雄　雄　雌　雌

云雀

学名 *Alauda arvensis* Linnaeus, 1758

英文名 Eurasian Skylark

形态 体型中等(体长约18 cm),褐色和棕色为主。虹膜深褐色,喙棕灰色,脚红褐色。顶冠和耸起的羽冠具细纹。体羽具灰褐色杂斑;次级飞羽羽缘有较宽的白色带,在飞行时可见。尾分叉,尾羽边缘白色。

习性 栖息于草地、干旱平原和沼泽,以及树林和灌丛。警惕时下蹲,正常飞行时姿态起伏不定;以活泼悦耳的鸣声著称,常先高空振翼飞行,同时鸣唱,接着俯冲回到地面。上海春秋冬季可见。

校区分布 华东师大(闵行)。常见度:罕见。

地理分布 国内分布于东北、华北、华东、华中、华南(广东和广西)、西北(陕西、宁夏和甘肃)和港澳台地区。国外繁殖于欧洲至俄罗斯(外贝加尔地区)、朝鲜和日本,越冬至北非、伊朗和印度(西北部)。

白头鹎

学名 *Pycnonotus sinensis* (Gmelin, 1789)

英文名 Light-vented Bulbul

形态 体型中等（体长约19 cm），橄榄色为主。虹膜褐色，喙近黑色，脚黑色。顶冠黑色，略具羽冠；眼后的一条白色宽纹延伸至枕；髭纹黑色；臀白色。亚成鸟头橄榄色，胸具灰色横纹。

习性 栖息于树林。性活泼，常结群在果树上活动，有时从停息处飞起捕食，再落回原处。上海全年可见。

校区分布 各校区可见。常见度：常见。

地理分布 国内分布于华北、华东、华中、华南、西北（除新疆外）、西南，以及辽宁、香港和澳门。国外分布于中南半岛北部。

成鸟
成鸟
亚成鸟

金腰燕

学名 *Cecropis daurica* (Laxmann, 1769)

英文名 Red-rumped Swallow

形态 体型较小(体长约18 cm)。虹膜褐色,喙和脚黑色。颈侧栗色显著;栗色的腰与深蓝黑色的背形成对比;腹白色,大多具黑色细纹;尾长而叉深。

习性 似家燕,有时与家燕混群,飞行速度比家燕略慢。伴人而居,常活动于建筑物的檐壁。巢瓶状,比家燕的巢更精巧。上海春夏季可见。

校区分布 复旦大学(江湾)、上应大(奉贤)、上海海洋(临港)。常见度:罕见。

地理分布 国内分布于东北、华北、华东、华中、华南(广东和广西)、西北(陕西和甘肃)、西南(云南、四川和贵州)和港澳台地区。国外繁殖于亚欧大陆,越冬在非洲、印度(南部)和东南亚。

家燕

学名 *Hirundo rustica* (Linnaeus, 1758)

英文名 Barn Swallow

形态 体型中等(体长约20 cm)。虹膜褐色,喙和脚黑色。额和喉栗色。背蓝黑色;胸偏红色,具一条蓝色胸带;腹白色;尾甚长,近末端处具白色斑点。

习性 主要栖息于建筑物檐壁和树林。在高空滑翔和盘旋,或低飞于水面以捕食小昆虫和饮水;停息在枯树枝、柱子和电线上,有时结大群夜栖一处。衔泥筑巢,常筑巢于屋檐下。上海春夏季可见。

校区分布 复旦大学(江湾)、上应大(徐汇、奉贤)、上师大(奉贤)、上海海洋(临港)、上海海事(临港)。常见度:偶见。

地理分布 全国广布。国外繁殖于北半球,越冬在非洲、亚洲和大洋洲。

成鸟 成鸟
雏鸟 雏鸟

远东树莺

学名 *Horornis canturians* (Swinhoe, 1860)

英文名 Manchurian Bush Warbler

形态 体型中等（体长约17 cm），棕色为主。虹膜褐色；上喙褐色，下喙色浅；脚粉红色。顶冠近棕红色，与色浅的枕形成对比；眉纹淡黄色，贯眼纹深褐色；无翼斑或顶冠纹。雌鸟比雄鸟小。

习性 栖息于茂密的树林、竹林、灌丛和草地。一般隐身独处，繁殖期常站在灌丛的突出枝上鸣唱，鸣声为一串“咕噜”的喉音后接2～3个单音。上海春秋冬季可见。

校区分布 复旦大学（江湾）。见于灌丛、草地。常见度：偶见。

地理分布 国内分布于南方。国外繁殖于东亚；越冬在印度东北部和东南亚。

鳞头树莺

学名 *Urosphena squameiceps* (Swinhoe, 1863)

英文名 Asian Stubtail

形态 体型较小（体长约10 cm），外形矮胖。虹膜褐色；喙尖细，上喙褐色，下喙肉红色或黄褐色；脚粉红色。冠具鳞片状斑纹，眉纹色浅，贯眼纹色深；背纯褐色，腹近白色，两胁和臀淡黄色。翼宽，尾极短。

习性 单独或成对活动。在繁殖区隐藏于海拔1 300 m以下的针叶林和阔叶林覆盖较多的地面或近地面处，在越冬区见于较开阔的灌丛和草地。上海春秋季可见。

校区分布 复旦大学（邯郸）。常见度：罕见。

地理分布 国内分布于东北、华北（北京、天津和河北）、华东（除安徽和江西外）、华中（河南和湖北）、华南（广东和海南）、西南（云南、四川和贵州），以及澳门和台湾。国外繁殖于东北亚，越冬在东南亚。

银喉长尾山雀

学名　*Aegithalos glaucogularis* (Gould, 1855)

英文名　Silver-throated Bushtit

形态　体型小巧(体长约16 cm)而蓬松。虹膜深褐色;喙短小,黑色;脚深褐色。顶冠灰白色,头侧黑色;背灰色,腹浅棕色;尾甚长,黑色但具白边。

习性　栖息于树林和灌丛。性活泼,结小群在树冠层和矮树丛中取食昆虫和种子;夜宿时挤成一排。上海全年可见。

校区分布　复旦大学(江湾)。常见度:罕见。

地理分布　国内分布于华东(安徽、江苏、上海和浙江)、华中和西北(陕西和甘肃),以及山西。国外分布于整个欧洲和亚洲温带。

极北柳莺

学名 *Phylloscopus borealis* (Blasius, 1858)

英文名 Arctic Warbler

形态 体型较大(体长约12 cm),灰橄榄色为主。虹膜深褐色;上喙深褐色,下喙黄色;脚褐色。眉纹长,黄白色;眼先和贯眼纹近黑色。背深橄榄色,具白色翼斑,中覆羽羽尖组成第二道模糊的翼斑;腹略白,两胁褐橄榄色。与黄眉柳莺的区别在于顶冠条纹较醒目,喙较粗大且上弯,尾短。

习性 栖息于树林和灌丛,喜红树林、次生林等开阔林地及其林缘地带。常与其他鸟类混群,在树叶间寻食。上海春秋季可见。

校区分布 复旦大学(江湾)、同济大学(四平路)、上海海洋(临港)、上海海事(临港)。常见度:罕见。

地理分布 国内除海南外,各地广布。国外繁殖于欧洲北部、亚洲北部和阿拉斯加,越冬在东南亚。

冕柳莺

学名 *Phylloscopus coronatus* (Temminck & Schlegel, 1847)
英文名 Eastern Crowned Warbler
形态 体型较大(体长约12 cm),黄橄榄色为主。虹膜深褐色;上喙黑褐色,下喙黄色至黄褐色;脚灰色。顶冠纹和眉纹近白色,眼先和贯眼纹近黑色。背橄榄绿色;飞羽具黄色羽缘,翼斑黄白色;腹近白色,与黄色的臀形成对比。
习性 栖息于滨海林地、山区林地、林缘、灌丛、绿化带等生境,多在树冠层活动。上海春秋冬季可见。
校区分布 复旦大学(江湾)。常见度:罕见。
地理分布 国内除宁夏、青海和海南外,各地广布。国外繁殖于东北亚,越冬在东南亚。

褐柳莺

学名 *Phylloscopus fuscatus* (Blyth, 1842)

英文名 Dusky Warbler

形态 体型中等(体长约11 cm),紧凑而墩圆,褐色为主。虹膜褐色;喙细小,上喙黑褐色,下喙偏黄色;脚褐色。背灰褐色;翼短圆,飞羽具橄榄绿色的翼缘;胸和两胁沾黄褐色;腹乳白色。尾圆而略凹。

习性 栖息于海拔4 000 m以下的树林和灌丛,隐匿在溪流、沼泽周围的浓密植被之下。经常翘尾,并轻弹两翼。上海秋冬季可见。

校区分布 上海交大(闵行)。常见度:罕见。

地理分布 全国广布。国外繁殖于亚洲北部,越冬在东南亚和喜马拉雅山南麓。

黄眉柳莺

学名 *Phylloscopus inornatus* (Blyth, 1842)

英文名 Yellow-browed Warbler

形态 体型中等(体长约11 cm),橄榄绿色为主。虹膜褐色;上喙色深,下喙基部黄色;脚淡棕褐色。顶冠纹不明显,眉纹纯白色或乳白色。翼斑通常两道,近白色;腹从白色至黄绿色。

习性 栖息于树林、灌丛的中上层。性活泼,常结群且与其他小型食虫鸟类混合。上海春秋冬季可见。

校区分布 华东师大(闵行)、复旦大学(江湾)、同济大学(四平路)、上海交大(闵行)、上海海洋(临港)。常见度:偶见。

地理分布 国内除新疆外,各地广布。国外繁殖于亚洲北部,越冬在印度和东南亚。

黄腰柳莺

学名 *Phylloscopus proregulus* (Pallas, 1811)

英文名 Pallas's Leaf Warbler

形态 体型较小(体长约9 cm),绿色为主。虹膜褐色;喙细小,黑色,基部橘黄色;脚浅棕褐色。顶冠纹粗细适中,眉纹黄色且粗大。背绿色;翼斑两道,色浅;腰黄色;臀和尾下覆羽沾淡黄色;腹灰白色。

习性 栖息于4 200 m(或林线)以下的树林和灌丛。上海春秋冬季可见。

校区分布 复旦大学(江湾)、同济大学(四平路)、上应大(奉贤)、上师大(奉贤)、上海海洋(临港)、上海海事(临港)。常见度:少见。

地理分布 国内除西藏外,各地广布。国外繁殖于亚洲北部,越冬在印度和中南半岛。

淡脚柳莺

学名 *Phylloscopus tenellipes* (Swinhoe, 1860)

英文名 Pale-legged Leaf Warbler

形态 体型中等(体长约11 cm)。虹膜褐色;喙甚大,上喙色暗,下喙带粉红色;脚浅粉红色。眉纹长,白色;眼先淡黄色;贯眼纹橄榄色。背橄榄褐色;翼具两道淡黄色的翼斑;腰和尾上覆羽橄榄褐色;腹白色,两胁呈沾淡黄的灰色。

习性 栖息于海拔1 800 m以下的茂密的树林、灌丛和红树林。隐匿于林下,轻松活泼地来回跳跃,以特殊方式向下弹尾。上海全年可见。

校区分布 复旦大学(江湾)。常见度:罕见。

地理分布 国内分布于东北、华北(除山西外)、华东、华中(河南和湖北)、华南和港澳台地区,以及云南。国外繁殖于日本,越冬在东南亚。

黑眉苇莺

学名 *Acrocephalus bistrigiceps* (Swinhoe, 1860)

英文名 Black-browed Reed Warbler

形态 体型中等(体长约13 cm),褐色为主。虹膜褐色;上喙褐色,下喙淡黄色;脚粉红色。侧冠纹黑褐色;眉纹米白色,长而粗,自喙基延伸至颈侧。背褐色为主;腹偏白色,两胁沾浅棕黄色。

习性 栖息于近水的高芦苇丛和草地,以及水边灌丛。上海夏季可见。

校区分布 复旦大学(江湾)。常见度:罕见。

地理分布 国内分布于东北、华北、华东、华中和华南,以及陕西、澳门和台湾。国外繁殖于东北亚,越冬在印度和东南亚。

棕扇尾莺

学名 *Cisticola juncidis* (Rafinesque, 1810)
英文名 Zitting Cisticola
形态 体型小（体长约 10 cm）。虹膜褐色，喙褐色，脚粉红色至近红色。眉纹白色至淡黄色，明显比颈侧和枕的颜色浅。背暗褐色；羽缘浅黄褐色，形成褐色纵斑。尾端白色。
习性 栖息于开阔的灌丛、草地、稻田和甘蔗地，喜湿润地带。求偶飞行时，雄鸟在雌鸟上空振翼驻空，盘旋鸣叫；非繁殖期惧生而隐匿。上海全年可见。
校区分布 上师大（奉贤）。常见度：罕见。
地理分布 国内分布于华北、华中、华东和华南大部分地区。国外分布于非洲、南欧、印度、日本、东南亚至澳大利亚。

纯色山鹪莺

学名 *Prinia inornata* (Sykes, 1832) **英文名** Plain Prinia

形态 体型略大(体长约15 cm),尾长,棕色为主。虹膜浅褐色,喙近黑色,脚粉红色。眉纹米白色,在眼后变得模糊。背暗灰褐色,腹污白至淡黄色。

习性 栖息于灌丛、高草丛、芦苇地、沼泽、玉米地和稻田。性活泼,结小群活动,常在树上、草茎间或飞行时鸣叫。上海全年可见。

校区分布 上应大(奉贤)、上师大(奉贤)、上海海洋(临港)。常见度:罕见。

地理分布 国内分布华东、华中(湖北和湖南)、华南、西南(除西藏外),以及香港和澳门。国外分布于印度和东南亚。

画眉

学名 *Garrulax canorus* (Linnaeus, 1758) **英文名** Hwamei

形态 体型略小（体长约22 cm），棕褐色为主。虹膜橘黄色，喙黄色，脚黄褐色。顶冠和枕具偏黑色的纵纹，白色的眼圈在眼后延伸成狭窄的眉纹。

习性 栖息于树林和灌丛。甚惧生，成对或结小群在枝叶间穿行、觅食。上海全年可见。

校区分布 复旦大学（江湾）。常见度：罕见。

地理分布 国内分布于华东（除山东外）、华中、华南、西北（陕西和甘肃）、西南（除西藏外）和港澳台地区。国外分布于中南半岛北部。

黑脸噪鹛

学名 *Pterorhinus perspicillatus* (Gmelin, 1789)
英文名 Masked Laughingthrush
形态 体型略大（体长约30 cm），灰褐色为主。虹膜褐色；喙近黑色，末端色淡；脚红褐色。前额、眼先、眼周、头侧和耳羽黑色，形成一条围绕额至头侧的宽阔黑带，犹如黑色“眼罩”。背暗褐色；腹偏灰色至近白色；外侧尾羽末端宽，深褐色；尾下覆羽黄褐色。
习性 栖息于树林、灌丛、草地。性喧闹，常结小群活动在浓密的竹林、芦苇丛、田地和城镇公园，多在地面取食。上海全年可见。
校区分布 复旦大学（江湾）。常见度：罕见。
地理分布 国内分布华东（除山东和江苏外）、华中、华南（广东和广西）、西南（除西藏外），以及山西和陕西。国外分布于越南北部。

白颊噪鹛

学名　*Pterorhinus sannio* (Swinhoe, 1867)

英文名　White-browed Laughingthrush

形态　体型中等（体长约25 cm），灰褐色为主。虹膜褐色，喙黑褐色，脚灰褐色或暗粉红色。头顶略具冠羽，眉纹、眼先至脸颊米白色；尾下覆羽棕色。

习性　栖息于树林、灌丛、草地。常隐匿于次生灌丛、竹林及林缘空地，但不如其他噪鹛那样惧生。上海全年可见。

校区分布　复旦大学（江湾）。常见度：罕见。

地理分布　国内分布于华东（除山东和江苏外）、华中（湖北和湖南）、华南和西南（除西藏外）。国外分布于印度东北部和中南半岛北部。

棕头鸦雀

学名 *Sinosuthora webbiana* (Gould, 1852)

英文名 Vinous-throated Parrotbill

形态 体型较小(体长约12 cm),粉褐色为主,尾长。虹膜黑色;喙小,褐色,末端色浅;脚褐色。顶冠栗褐色,喉略具细纹。翼栗褐色,翼缘有时棕色。

习性 栖息于灌丛和草地。活泼而好结群,常活动在林下植被和低矮树丛。上海全年可见。

校区分布 华东师大(闵行)、复旦大学(江湾)、同济大学(四平路)、上海交大(闵行)、上应大(奉贤)、上师大(奉贤)、上海海洋(临港)。常见度:多见。

地理分布 国内分布于东北、华北、华东、华中、华南、西南(贵州和四川),以及甘肃和台湾。国外分布于俄罗斯、朝鲜半岛、缅甸东北部和越南北部。

暗绿绣眼鸟

学名 *Zosterops simplex* Swinhoe, 1861
英文名 Swinhoe's White-eye
形态 体型较小（体长约10 cm），绿色为主。虹膜浅褐色；喙和脚灰黑色，上喙基部至额略沾黄色。眼眶和眼周具白色的裸皮，喉黄色。背呈鲜亮的绿橄榄色，胸和两胁灰色，腹白色，臀黄色。
习性 栖息于树林、灌丛。群栖性，活泼而喧闹，在树顶觅食小型昆虫、小浆果和花蜜。上海全年可见。
校区分布 上应大（徐汇）、上海海洋（临港）、上海海事（临港）。常见度：罕见。
地理分布 国内分布于东北（辽宁）、华北、华东、华中、华南、西北（陕西和甘肃）、西南（除西藏外）和港澳台地区。国外分布于日本、缅甸和越南。

戴菊

学名 *Regulus regulus* (Linnaeus, 1758)　**英文名** Goldcrest
形态 体型较小(体长约9 cm),绿色为主。虹膜深褐色,喙黑色,脚褐色。顶冠纹黄色中具橙色条纹(雄鸟)或单一黄色(雌鸟),侧冠纹黑色;眼圈灰白色。背全橄榄绿色至黄绿色,翼上具黑白色图案;腹偏灰色或淡黄白色,两胁黄绿色。
习性 栖息于树林。常单独活动在针叶林的下层,在迁徙季加入鸟潮。上海春冬季可见。
校区分布 复旦大学(江湾)、上应大(奉贤)、上师大(奉贤)。常见度:罕见。
地理分布 国内分布于东北、华北、华东(除江西外)、西北(陕西、宁夏和甘肃),以及河南和台湾。国外分布于古北界。

八哥

学名 *Acridotheres cristatellus* (Linnaeus, 1758)

英文名 Crested Myna

形态 体型较大(体长约26 cm),黑色为主。虹膜橘黄色;喙淡黄色,基部红色(偶尔粉红色);脚暗黄色。冠羽长而突出。飞羽基部白色,形成大块白斑;尾下覆羽黑色,具白色横斑;尾端呈狭窄的白色。

习性 栖息于树林、灌丛、草地、旷野、城镇和花园。结小群生活,一般在地面高视阔步而行。上海全年可见。

校区分布 华东师大(闵行)、复旦大学(江湾)、同济大学(四平路)、上海交大(闵行)、上应大(奉贤)、上师大(奉贤)、上海海洋(临港)、上海海事(临港)。常见度:少见。

地理分布 国内分布于华东、华中、华南(广东和广西)、西北(陕西和甘肃)、西南(除西藏外),以及北京、香港和澳门。国外分布于中南半岛,引种至菲律宾和印度尼西亚(加里曼丹岛南部)。

黑领椋鸟

学名 *Gracupica nigricollis* (Paykull, 1807)

英文名 Black-collared Starling

形态 体型大(体长约28 cm),黑白为主。虹膜黄色,喙黑色,脚浅灰色。雄鸟:头白色,眼周裸露的皮肤黄色;颈环、背、上胸和翼黑色,翼缘白色;腰白色;尾黑色,末端白色。雌鸟:似雄鸟,但褐色较多。亚成鸟:无黑色的颈环。

习性 栖息于树林、灌丛、草地,有时在水牛群等牲口群中觅食。上海全年可见。

校区分布 复旦大学(江湾)、上海海洋(临港)。常见度:罕见。

地理分布 国内分布于华东(除山东和安徽外)、华南、西南(云南和四川)和港澳台地区。国外分布于东南亚。

灰椋鸟

学名 *Spodiopsar cineraceus* (Temminck, 1835)

英文名 White-cheeked Starling

形态 体型中等(体长约24 cm),棕灰色为主。虹膜褐色;喙黄色,末端黑色;脚暗橘黄色。头黑色或深灰色,颊白色;外侧尾羽末端和次级飞羽具狭窄的白色横纹;腰、臀、尾下覆羽白色。雌鸟比雄鸟色浅而暗。

习性 栖息于海拔800 m以下的低山丘陵和平原地带,尤其是散生老树的林缘、灌丛和次生阔叶林。常在草甸、河谷、农田等潮湿地上觅食,多停息在电线和枯树枝上。主食昆虫,也吃少量果实和种子。上海春秋冬季可见。

校区分布 复旦大学(江湾)、同济大学(四平路)、上海交大(闵行)、上应大(徐汇、奉贤)、上师大(奉贤)、上海海洋(临港)、上海海事(临港)。常见度:多见。

地理分布 国内除西藏外,各地广布。国外分布于俄罗斯西伯利亚、日本、越南北部、缅甸北部和菲律宾。

丝光椋鸟

学名 *Spodiopsar sericeus* (Gmelin, 1789)

英文名 Red-billed Starling

形态 体型中等(体长约24 cm),黑灰白为主。虹膜黑色;喙红色,末端黑色;脚橘黄色。头具丝状羽,白色至淡黄色(雄)或灰白色至淡灰褐色(雌);喉灰白色,背和胸灰色;翼和尾闪辉黑色,飞行时初级飞羽的白斑明显。

习性 栖息于树林、灌丛、草地,迁徙时成大群。上海全年可见。

校区分布 华东师大(闵行)、复旦大学(江湾)、上海交大(闵行)、上应大(奉贤)、上师大(奉贤)、上海海洋(临港)。常见度:少见。

地理分布 国内分布于华北(北京和天津)、华东(除山东外)、华中、华南、西南(云南和四川)和港澳台地区,以及陕西。国外分布于越南和菲律宾。

白眉地鸫

学名 *Geokichla sibirica* (Pallas, 1776)

英文名 Siberian Thrush

形态 体型中等（体长约23 cm）。虹膜褐色，喙黑色，脚黄色。雄鸟：通体灰黑色为主；眉纹、腹中部、臀和尾羽末端白色；尾下覆羽具白斑。雌鸟：通体橄榄褐色为主；眉纹较雄鸟细，淡黄色；腹淡黄色，胸、腹、胁具鳞状斑。

习性 栖息于树林、灌丛和草地。性活泼，在地面和树间活动，有时结群。上海春夏秋季可见。

校区分布 复旦大学（江湾）、上海海洋（临港）。常见度：罕见。

地理分布 国内除宁夏、新疆、西藏和青海外，各地广布。国外繁殖于亚洲北部，越冬在东南亚。

雄

雌

乌灰鸫

学名 *Turdus cardis* Temminck, 1831

英文名 Japanese Thrush

形态 体型较小(体长约21 cm),深灰或褐色为主。虹膜褐色,喙黄色(繁殖期)或近黑色(非繁殖期),脚肉红色。雄鸟:头和上胸黑色;背纯黑灰色;腹白色,腹和两胁具黑色斑点。雌鸟:背灰褐色;上胸具偏灰色的横斑,胸侧和两胁沾红褐色,胸及其两侧具黑色斑点并延伸至腹;腹白色;腰灰色。亚成鸟:褐色较浓,腹红褐色较多。

习性 栖息于落叶林、灌丛、草地,藏身在稠密的植物丛中。甚羞怯,一般独处,但迁徙时结小群。上海春秋季可见。

校区分布 上师大(奉贤)。常见度:罕见。

地理分布 国内分布于东部和南部,国外分布于日本和中南半岛北部。

雄 雄 雌

斑鸫

学名 *Turdus eunomus* (Temminck, 1831)
英文名 Dusky Thrush
形态 体型中等(体长约25 cm),棕色为主,具黑白条纹。虹膜褐色;上喙偏黑色,下喙黄色;脚褐色。耳羽具黑色的横纹,与喉、眉纹和臀的白色形成对比;喉、颈侧、两胁和胸具黑色斑点,有时在胸部密集成横带;翼具浅棕色的翼线和宽阔的棕色翼斑。雌鸟的褐色和淡黄色较雄鸟暗淡,胸下部的黑斑比雄鸟小。
习性 栖息于开阔的草地和田野,以及树林和灌丛。冬季成大群。上海春秋冬季可见。
校区分布 复旦大学(江湾)、上海交大(闵行)、上师大(奉贤)、上海海洋(临港)。常见度:偶见。
地理分布 国内除西藏外,各地广布。国外繁殖于东北亚,越冬在喜马拉雅山南麓。

雄
雄
雌

灰背鸫

学名　*Turdus hortulorum* (Temminck, 1836)

英文名　Grey-backed Thrush

形态　体型略小（体长约24 cm），灰色为主。虹膜褐色，喙黄色，脚肉红色。雄鸟：背、喉和胸灰色，两胁和翼下红棕色。雌鸟：背灰偏褐色；喉和胸灰白色，胸具箭头状黑斑；两胁和翼下红棕色，但较雄鸟色浅。

习性　栖息于树林、灌丛和草地。常在林地和公园的地面跳动，胆小。上海春秋冬季可见。

校区分布　复旦大学（江湾）、上应大（徐汇）、上师大（奉贤）。常见度：罕见。

地理分布　国内除宁夏、西藏和青海外，各地广布。国外分布于俄罗斯西伯利亚北部。

雄

雌

雌

乌鸫

学名 *Turdus mandarinus* Bonaparte, 1850

英文名 Chinese Blackbird

形态 体型较大(体长约29 cm),全身深色。虹膜褐色,喙黄色(成鸟)或褐色(雏鸟),脚褐色。雄鸟:眼圈黄色,体羽黑色。雌鸟:眼圈颜色略浅;背黑褐色,腹深褐色。出巢雏鸟:体色似雌鸟,但具横纹和斑点。

习性 栖息于树林、灌丛和草地。在地面取食,往往静静地在树叶中翻找无脊椎动物,冬季也吃果实;亲鸟在育雏期间会取食雏鸟排出的鸽蛋状粪包。上海全年可见。

校区分布 各校区可见。常见度:常见。

地理分布 国内分布于华北(除天津外)、华东、华中、华南、西北(陕西和甘肃)、西南(除西藏外)和港澳台地区。国外繁殖于亚欧大陆和北非,越冬至中南半岛。

宝兴歌鸫

学名 *Turdus mupinensis* Laubmann, 1920

英文名 Chinese Thrush

形态 体型中等（体长20～24 cm），褐色为主。虹膜褐色；喙暗褐色，下喙基部黄褐色；脚肉红色。耳羽后侧具黑色斑块。背褐色；翼具2道醒目的白色翼斑；腹淡黄色，具明显的黑色圆斑。

习性 多栖息于林下灌丛，单独或结小群活动，甚惧生。上海春季可见。

校区分布 华东师大（闵行）。常见度：罕见。

地理分布 我国特有种。分布于华北（北京、河北和内蒙古）、华东（山东、上海和浙江）、西北（甘肃）、西南（贵州、四川和云南）等地。

白眉鸫

学名 *Turdus obscurus* (Gmelin, 1789)

英文名 Eyebrowed Thrush

形态 体型中等（体长约23 cm），褐色为主。虹膜褐色；上喙黑色，基部黄色；下喙黄色，末端黑色；脚红褐色。头深灰色，眉纹白色。背橄榄褐色；胸带褐色；腹白色，两侧沾红褐色。

习性 栖息于树林、灌丛和草地，常在矮树丛和林间活动。性活泼、好奇而喧闹，甚为温驯。上海春秋冬季可见。

校区分布 上应大（徐汇）。常见度：罕见。

地理分布 国内除西藏外，各地广布。国外繁殖于古北界中部和东部，越冬在印度东北部和东南亚。

白腹鸫

学名 *Turdus pallidus* (Gmelin, 1789) **英文名** Pale Thrush

形态 体型中等（体长约24 cm），褐色为主。虹膜褐色；上喙灰色，下喙黄色；脚浅褐色。头和喉具性别差异：雄鸟头和喉灰褐色；雌鸟头褐色，喉偏白色并略具细纹。胸和两胁褐灰色；翼灰色或白色，外侧两枚尾羽末端的白色甚宽；腹和臀白色。

习性 栖息于低地森林、次生植被、灌丛、花园和草地。性羞怯，多藏匿于林下。上海春秋冬季可见。

校区分布 复旦大学（江湾）、上师大（奉贤）、上海海事（临港）。常见度：偶见。

地理分布 全国各地。国外繁殖于东北亚，越冬在东南亚。

雄 雄 雌 雌

虎斑地鸫

学名 *Zoothera aurea* (Holandre, 1825) **英文名** White's Thrush
别名 怀氏虎鸫
形态 体型较大(体长约28 cm),褐色为主。虹膜褐色;上喙褐色,下喙大部黄色;脚肉红色。背褐色,腹白色,通体具黑色和金黄色羽缘形成的鳞片状斑纹。
习性 栖息于茂密的树林、灌丛和草地,在地面取食。上海春秋冬季可见。
校区分布 复旦大学(江湾)、上师大(奉贤)、上海海洋(临港)、上海海事(临港)。常见度:罕见。
地理分布 国内除西藏外,各地广布。国外分布于欧洲、印度至东南亚。

鹊鸲

学名 *Copsychus saularis* (Linnaeus, 1758)

英文名 Oriental Magpie Robin

形态 体型中等（体长约20 cm），黑白为主。虹膜褐色，喙黑色，脚灰褐色至黑色。雄鸟：头、胸和背闪辉蓝黑色；翼和中央尾羽黑色，外侧尾羽和覆羽具白色条纹；腹和臀白色。雌鸟：似雄鸟，但以暗灰取代黑色。亚成鸟：似雌鸟，但色彩更斑杂。

习性 栖息于树林、灌丛和草地，常光顾花园、村庄、次生林、开阔森林和红树林。取食多在地面，飞行时易被看见；停息在显眼处并鸣唱或炫耀，不停地把尾低放、展开后又骤然合拢、伸直。上海全年可见。

校区分布 华东师大（闵行）、同济大学（四平路）、上海交大（闵行）、上应大（徐汇）、上师大（奉贤）、上海海洋（临港）。常见度：偶见。

地理分布 国内分布于华东（除山东外）、华中、华南、西北（陕西和甘肃）、西南（除西藏外），以及香港和澳门。国外分布于印度和东南亚。

雄

雌

蓝歌鸲

学名 *Larvivora cyane* (Pallas, 1776)

英文名 Siberian Blue Robin

形态 体型较小(体长约14 cm)。虹膜褐色,喙黑色,脚粉白至粉红色。雄鸟:贯眼纹黑色,较宽并延伸至颈侧和胸侧;背青石蓝色,自颏、喉、胸到尾下覆羽白色。雌鸟:颏、喉和胸褐色,具淡黄色鳞片状斑纹,腹灰白色;背橄榄褐色,腰和尾上覆羽沾蓝色。亚成鸟和部分雌鸟的腰和尾具些许蓝色。

习性 栖息于密林、灌丛和草地的地面或近地面处。上海春秋冬季可见。

校区分布 复旦大学(邯郸)、同济大学(四平路)。常见度:罕见。

地理分布 国内除新疆和青海外,各地广布。国外繁殖于东北亚,越冬在印度和东南亚。

雄

雄

雌

红尾歌鸲

学名 *Larvivora sibilans* (Swinhoe, 1863)

英文名 Rufous-tailed Robin

形态 体型较小(体长约13 cm),棕色为主。虹膜褐色,喙黑色,脚粉褐色。背橄榄褐色,胸具橄榄色的扇贝形纹,腹近白色,尾棕色。

习性 栖息于树林。占域性甚强,常活动在茂密多荫的地面或低矮植被处,尾颤动有力。上海春秋季可见。

校区分布 上海海洋(临港)。常见度:偶见。

地理分布 国内分布于东北、华北(除山西外)、华东(除安徽外)、华中、华南、西南(除西藏外)和港澳台地区。国外分布于东北亚。

北红尾鸲

学名 *Phoenicurus auroreus* (Pallas, 1776)

英文名 Daurian Redstart

形态 体型略小(体长约15 cm),色彩艳丽。虹膜褐色,喙和脚黑色。翼斑白色,显著而宽大。雄鸟:顶冠和枕灰色,具银色边缘;体羽其余部分栗褐色,中央尾羽深黑褐色。雌鸟:体羽褐色。

习性 夏季栖息于亚高山森林、灌丛和林间空地,冬季栖息于低海拔的落叶矮树丛、草地和耕地。常站立在突出的栖木处,尾颤动不停。上海春秋冬季可见。

校区分布 华东师大(闵行)、复旦大学(江湾)、同济大学(四平路)、上海交大(闵行)、上应大(徐汇、奉贤)、上师大(奉贤)、上海海洋(临港)、上海海事(临港)。常见度:少见。

地理分布 国内除新疆、青海和西藏外,各地广布。国外分布于东北亚、喜马拉雅山南麓和中南半岛北部。

红胁蓝尾鸲

学名 *Tarsiger cyanurus* (Pallas, 1773)

英文名 Orange-flanked Bluetail

形态 体型略小（体长约15 cm）。虹膜褐色，喙和脚灰黑色。眉纹白色；两胁橘黄色，与腹和臀的白色形成对比；尾蓝色。雄鸟：喉白色，背蓝色。雌鸟和亚成鸟：喉和背褐色。雌鸟与雌蓝歌鸲的区别在于喉褐色并具白色的中心线，两胁橘黄色。

习性 主要栖息于湿润的山地森林和次生林的林下层，也活动在灌丛和草地。上海春秋冬季可见。

校区分布 复旦大学（江湾）、同济大学（四平路）、上海交大（闵行）、上应大（徐汇、奉贤）、上师大（奉贤）、上海海洋（临港）。常见度：少见。

地理分布 国内除西藏外，各地广布。国外繁殖于亚洲东北部和喜马拉雅山南麓，越冬在东南亚。

雄

雌

白腹蓝鹟

学名 *Cyanoptila cyanomelana* (Temminck, 1829)
英文名 Blue-and-white Flycatcher
形态 体型较大（体长约17 cm）。虹膜褐色，喙和脚黑色。雄鸟：脸、喉和胸上部近黑色，背闪光钴蓝色；胸下部、腹和尾下覆羽白色，外侧尾羽基部白色，深色的胸与白色的腹截然分开。雌鸟：颏、喉和腹灰白色，背灰褐色。
习性 栖息于树林、灌丛，喜有原始林和次生林的多林地带，在林上层取食。上海春季可见。
校区分布 同济大学（四平路）。常见度：偶见。
地理分布 国内分布于东北、华北（除内蒙古外）、华东、华南（广东和广西）、华中、西北（除新疆外）和西南（除西藏外），以及香港和澳门。国外繁殖于东北亚，越冬在马来半岛、菲律宾群岛和大巽他群岛。

雄

雌

铜蓝鹟

学名 *Eumyias thalassinus* (Swainson, 1838)
英文名 Verditer Flycatcher
形态 体型较大（体长约17 cm），蓝绿色为主。虹膜褐色，喙和脚黑色。尾下覆羽具偏白色的鳞片状斑纹；臀蓝灰色，也具偏白色的鳞状斑纹。雄鸟：眼先黑色。雌鸟：眼先黑色较淡，体色较浅。亚成鸟：灰褐色沾绿色，具淡黄色和近黑色的鳞片状斑纹和斑点。
习性 栖息于树林、灌丛和草地。喜开阔林地或林缘空地，在裸露的停息处捕食飞过的昆虫。上海冬季可见。
校区分布 上海交大（闵行）、上海海洋（临港）。常见度：罕见。
地理分布 国内分布于华东（除江苏外）、华中（湖北和湖南）、华南（广东和广西）、西南和港澳台地区，以及陕西。国外分布于印度和东南亚。

雄
雌
雌

红喉姬鹟

学名 *Ficedula albicilla* (Pallas, 1811)

英文名 Taiga Flycatcher

形态 体型较小(体长约13 cm),褐色为主。虹膜深褐色,喙和脚黑色。尾和尾上覆羽黑色,尾基外侧白色。雄鸟:繁殖期颏、喉橙红色,在冬季不明显。雌鸟和非繁殖期雄鸟:喉近白色,眼圈呈狭窄白圈,体羽暗灰褐色。

习性 栖息于树林、水边灌丛,多停息在林缘和河流两岸的小树上。出现危险时冲至隐蔽处,尾展开并显露基部的白色,同时发出粗哑的"咯咯"声。上海春夏秋季可见。

校区分布 复旦大学(江湾)。常见度:罕见。

地理分布 全国广布。国外繁殖于古北界,繁殖在东南亚。

鸲姬鹟

学名 *Ficedula mugimaki* (Temminck, 1836)

英文名 Mugimaki Flycatcher

形态 体型较小（体长约13 cm），橘黄色和黑白为主。虹膜和脚深褐色，喙黑色。雄鸟：眼后具狭窄的白色眉纹；喉、胸和腹侧橘黄色；腹中心和尾基的羽缘和尾下覆羽白色；背灰黑色；翼上具白斑。雌鸟：背褐色，腹似雄鸟但色淡，尾无白色。

习性 栖息于树林、灌丛和草地。喜林缘、林间空地和山林，尾常抽动并展开。上海春秋季可见。

校区分布 复旦大学（江湾）、上海交大（闵行）、上应大（徐汇）、上师大（奉贤）、上海海洋（临港）。常见度：罕见。

地理分布 国内分布于东北、华北（除天津外）、华东（除安徽外）、华中、华南、西南（云南和四川）和港澳台地区，以及甘肃。国外繁殖于亚洲北部，越冬在东南亚。

雄 雄 雌 雌

白眉姬鹟

学名 *Ficedula zanthopygia* (Hay, 1845)

英文名 Yellow-rumped Flycatcher

形态 体型较小（体长约13 cm），黄白黑三色为主。虹膜褐色，喙和脚黑色。雄鸟：腰、喉、胸和腹上部黄色，眉线、腹下部、翼斑和尾下覆羽白色，其余部分黑色。雌鸟：背暗褐色，腹颜色较淡，腰黄色。

习性 栖息于树林和水边灌丛，喜近水林地。上海春秋冬季可见。

校区分布 复旦大学（江湾）。常见度：罕见。

地理分布 国内除宁夏、新疆和西藏外，各地广布。国外繁殖于东北亚，越冬在东南亚。

北灰鹟

学名 *Muscicapa dauurica* (Raffles, 1822)

英文名 Asian Brown Flycatcher

形态 体型较小(体长约13 cm),灰褐色为主。虹膜褐色;喙黑色,下喙基部黄色;脚黑色。眼圈白色,眼先在冬季偏白色。背灰褐色,腹偏白色,胸侧和两胁褐灰色。新换羽的成鸟具狭窄的白色翼斑,从翼尖延伸至尾中部,随后白色逐渐消失。亚成鸟体色较暗。

习性 栖息于树林、灌丛和草地。常从停息处出击捕食昆虫,归位后尾做独特的颤动。上海春秋季可见。

校区分布 复旦大学(江湾)、同济大学(四平路)、上师大(奉贤)、上海海洋(临港)、上海海事(临港)。常见度:罕见。

地理分布 国内分布于东北、华北、华东(除安徽外)、华中、华南、西北(除青海外)、西南(云南、贵州和西藏)和港澳台地区。国外繁殖于东北亚和喜马拉雅山南麓,越冬在印度和东南亚。

成鸟　亚成鸟　成鸟

灰纹鹟

学名 *Muscicapa griseisticta* (Swinhoe, 1861)
英文名 Grey-streaked Flycatcher
形态 体型略小（体长约 14 cm），褐灰色为主。虹膜褐色，喙和脚黑色。额具狭窄的白色横带（不易见），眼圈白色。翼长，几达尾端，具狭窄的白色翼斑。胸和两胁满布深灰色的纵纹，腹白色。与乌鹟的主要区别在于无半颈环。
习性 栖息于密林、开阔林地、灌丛和草地，以及城市公园的溪流附近，甚惧生。上海春秋季可见。
校区分布 复旦大学（江湾）。常见度：罕见。
地理分布 国内分布于东北、华北（除山西外）、华东（除安徽外）、华中（河南和湖南）、华南（广东和广西）和港澳台地区，以及云南。国外繁殖于东北亚，越冬在印度尼西亚、菲律宾和巴布亚新几内亚。

乌鹟

学名 *Muscicapa sibirica* (Gmelin, 1789)

英文名 Dark-sided Flycatcher

形态 体型较小(体长约13 cm),烟灰色为主。虹膜深褐色,喙和脚黑色。眼圈白色,下脸颊具黑色细纹;喉白色,常具半圈白色的颈环。背深灰色;翼长至尾的2/3,翼上具不明显的淡黄色斑纹。胸具模糊的灰褐色带斑;腹白色;两胁深色,具烟灰色杂斑。亚成鸟的脸和背具白色斑点。

习性 栖息于山区森林、灌丛和草地,多活动在林下植被层和树林间。常站立在低处的裸露枝条上,冲出去捕食经过的昆虫。上海春秋季可见。

校区分布 复旦大学(江湾)。常见度:罕见。

地理分布 国内分布于东北、华北、华东(上海、浙江和福建)、华南、西南(云南和四川)和港澳台地区,以及陕西。国外繁殖于东北亚和喜马拉雅山南麓,越冬在东南亚。

麻雀

学名 *Passer montanus* (Linnaeus, 1758)

英文名 Eurasian Tree Sparrow

形态 体型略小（体长约14 cm）而矮圆。虹膜深褐色，喙黑色，脚粉褐色。顶冠和枕褐色。成鸟：枕具完整的灰白色领环，背近褐色，腹为沾淡黄的灰色。亚成鸟：似成鸟，但色较暗淡，喙基黄色。

习性 栖息于疏林地、灌丛、草地和水边，以及村庄和农田，性活跃。上海全年可见。

校区分布 各校区可见。常见度：常见。

地理分布 国内分布于华北、华东、华中、华南（广东和广西）、西北（除新疆外）、西南（除西藏外）和港澳台地区。国外分布于欧洲、中东、中亚、东亚、喜马拉雅山南麓和东南亚。

成鸟

亚成鸟

亚成鸟

斑文鸟

学名 *Lonchura punctulata* (Linnaeus, 1758)

英文名 Scaly-breasted Munia

形态 体型略小(体长约10 cm),红褐色为主。虹膜红褐色,喙蓝黑色或黑色,脚褐色。成鸟:喉红褐色;背褐色,羽轴因呈白色而成纵纹;胸和两胁具深褐色的鳞片状斑纹;腹白色。亚成鸟:腹淡黄色,无鳞片状斑纹。

习性 栖息于灌丛和草地,常光顾开阔但多草的耕地、稻田、花园和次生灌丛。性活泼好飞,成对或与其他文鸟混群,具摆尾习性。上海全年可见。

校区分布 复旦大学(江湾)、上海海洋(临港)。常见度:罕见。

地理分布 国内分布于华东(除山东外)、华中(湖北和湖南)、华南、西南(重庆和贵州)和港澳台地区。国外分布于印度和东南亚,引种至澳大利亚等地。

成鸟

亚成鸟

白腰文鸟

学名　*Lonchura striata* (Linnaeus, 1766)

英文名　White-rumped Munia

形态　体型中等（体长约11 cm），棕色为主。虹膜褐色；上喙黑色，下喙蓝灰色；脚灰色。成鸟：背深褐色，具白色纵纹；腰白色；腹黄白色，具细小、淡黄色的鳞片状斑纹；尾黑色，尖形。亚成鸟：体色较淡，腰淡黄色。

习性　栖息于树林、灌丛和草地。性喧闹吵嚷，结小群生活，夏季常群聚在小水塘边取食丝藻。上海全年可见。

校区分布　华东师大（闵行）、复旦大学（江湾）、同济大学（四平路）、上海交大（闵行）、上应大（奉贤）、上海海洋（临港）、上海海事（临港）。常见度：少见。

地理分布　国内分布于华东（除山东外）、华中、华南、西南（除西藏外）和港澳台地区，以及陕西。国外分布于印度和东南亚。

树鹨

学名 *Anthus hodgsoni* (Richmond, 1907)

英文名 Olive-backed Pipit

形态 体型略小(体长约15 cm),橄榄色为主。虹膜褐色;上喙黑色,下喙淡粉红色;脚粉红色。眉纹粗,白色。喉和两胁淡黄色,胸和两胁具浓密的黑色纵纹。

习性 栖息于树林、灌丛和草地;喜有林的生境,受惊扰时降落在树上。上海全年可见。

校区分布 华东师大(闵行)、复旦大学(江湾)、同济大学(四平路)、上海交大(闵行)、上应大(徐汇、奉贤)、上师大(奉贤)、上海海洋(临港)。常见度:少见。

地理分布 国内分布于华东(上海、浙江和江西)、西北(除新疆外)和西南(除重庆外),以及山西、广东和台湾。国外繁殖于喜马拉雅山南麓和东亚,越冬在印度和东南亚。

黄腹鹨

学名 *Anthus rubescens* (Tunstall, 1771)
英文名 Buff-bellied Pipit
形态 体型略小(体长约15 cm),褐色为主但满布纵纹。虹膜褐色;上喙黑色,下喙淡粉红色;脚暗黄色。颈侧具近黑色的斑块,初级飞羽和次级飞羽的边缘白色。与树鹨的区别在于背褐色更浓,胸和两胁纵纹更密。
习性 栖息于树林和灌丛,冬季喜在溪流边的草地和稻田活动。上海全年可见。
校区分布 上应大(奉贤)。常见度:偶见。
地理分布 国内除宁夏、青海和西藏外,各地广布。国外分布于古北界西部、东北亚、东南亚和北美洲。

山鹡鸰

学名 *Dendronanthus indicus* (Gmelin, 1789)
英文名 Forest Wagtail
形态 体型略小(体长约17 cm),褐黑白三色为主。虹膜灰色;上喙深灰色,下喙淡粉红色;脚粉红色。眉纹白色。背灰褐色;翼具黑白相间的粗大斑纹;胸具两道黑色的横斑纹,其中下部那道横纹有时不完整;腹白色。
习性 栖息于树林、灌丛和草地,喜单独或成对在开阔的林地穿行。尾轻轻往两侧摆动,不同于其他鹡鸰的尾上下摆动。受惊时仅做波浪状低飞,至前方几米处便停下。上海全年可见。
校区分布 复旦大学(江湾)。常见度:罕见。
地理分布 国内除新疆和西藏外,各地广布。繁殖在亚洲东部,越冬在印度和东南亚。

白鹡鸰

学名　*Motacilla alba* (Linnaeus, 1758)　　**英文名**　White Wagtail

形态　体型中等（体长约20 cm），黑灰白三色为主。虹膜褐色，喙和脚黑色。头后、枕和胸具黑色斑纹，繁殖期比较扩展。背黑色或灰色，翼和尾黑白相间，腹白色。我国有7个亚种，其中上海的校园常见2个亚种：① 白颊亚种（*M. a. leucopsis*）：雄鸟背黑色，雌鸟背深灰色；无眼纹，颏和喉白色，颈的黑色与胸分开。② 灰背眼纹亚种（*M. a. ocularis*）：背灰色，具黑色贯眼纹。

习性　栖息于近水的开阔地带、稻田、溪流边和道路上，也到屋顶活动。受惊时飞行骤降，并发出示警叫声。在上海，白颊亚种全年可见，灰背眼纹亚种冬季可见。

校区分布　华东师大（闵行）、复旦大学（江湾）、同济大学（四平路）、上海交大（闵行）、上应大（徐汇、奉贤）、上师大（奉贤）、上海海洋（临港）、上海海事（临港）。常见度：多见。

地理分布　白颊亚种在全国广布；灰背眼纹亚种在国内分布于东北、华北、华东（除安徽外）、西北（除甘肃外）、西南（除贵州外），以及河南、海南和台湾。国外分布于非洲、欧洲、东亚和东南亚。

白颊亚种（雄）　白颊亚种（雄）
白颊亚种（雌育雏）　白颊亚种（亚成）
灰背眼纹亚种　白颊亚种（左）和灰背眼纹亚种（右）

灰鹡鸰

学名 *Motacilla cinerea* (Tunstall, 1771)

英文名 Grey Wagtail

形态 体型中等（体长约19 cm），尾长，灰色为主。虹膜褐色，喙黑褐色，脚粉红色。雄鸟：背灰色，翼斑白色；腰黄绿色，腹黄色。雌鸟：背偏褐色，腹偏白色。

习性 栖息于草地和水边灌丛。常在水边砾石或沙地上觅食，也到高山草甸活动。上海春秋季可见。

校区分布 同济大学（四平路）、上海交大（闵行）、上应大（奉贤）、上海海洋（临港）。常见度：罕见。

地理分布 全国广布。国外繁殖于欧洲、亚洲（西伯利亚）和北美洲（阿拉斯加），越冬在非洲、印度、东南亚、新几内亚岛和澳大利亚。

雄

雌

黄鹡鸰

学名 *Motacilla tschutschensis* (Gmelin, 1789)

英文名 Eastern Yellow Wagtail

形态 体型中等（体长约18 cm），黄色中带褐色为主。虹膜和喙褐色，脚褐色至黑色。背在繁殖期橄榄绿色或橄榄褐色，在非繁殖期褐色较暗；尾较短。我国有4个亚种，其中上海校园可观察到指名亚种（*M. t. tschutschensis*）和台湾亚种（*M. t. taivana*）：前者顶冠灰色，白色眉纹显著；后者顶冠橄榄绿色，黄色眉纹显著。

习性 栖息于草地和水边灌丛，喜稻田、沼泽边缘。常结成大群在耕牛等牲畜周围取食。上海春秋季可见。

校区分布 复旦大学（江湾）、上师大（奉贤）、上海海洋（临港）、上海海事（临港）。常见度：罕见。

地理分布 在国内，指名亚种分布于东北、华北、华东、华中、华南和西北，以及台湾；台湾亚种分布于东北、华北、华东、华南和西南，以及台湾。国外繁殖于欧洲、亚洲（西伯利亚）和北美洲（阿拉斯加），越冬在印度、东南亚、新几内亚岛和澳大利亚。

指名亚种

台湾亚种

金翅雀

学名 *Chloris sinica* (Linnaeus, 1766)

英文名 Grey-capped Greenfinch

形态 体型略小(体长约13 cm),黄灰褐三色为主。虹膜深褐色,喙和脚粉红色。翼具宽阔的黄色翼斑,尾叉形。雄鸟:顶冠和枕灰色,背纯褐色,外侧尾羽基部和臀黄色。雌鸟:比雄鸟色暗。亚成鸟:色淡,纵纹多。

习性 栖息于海拔2 400 m以下的树林、灌丛和草地。上海全年可见。

校区分布 复旦大学(江湾)、同济大学(四平路)、上海交大(闵行)、上应大(徐汇)、上师大(奉贤)。常见度:偶见。

地理分布 国内分布于华北、华东、华中、华南(广东和广西)、西北(除新疆外)和西南,以及香港和澳门。国外分布于俄罗斯(西伯利亚东南部)、蒙古、日本和越南。

雄　雌

交配

黑尾蜡嘴雀

学名 *Eophona migratoria* (Hartert, 1903)

英文名 Chinese Grosbeak

形态 体型略大(体长约17 cm)而壮实。虹膜褐色;喙硕大,深黄色,末端黑色;脚粉红色。背褐色;翼近黑色,翼尖白色;尾末端叉形。雄鸟:头灰黑色,具蓝色金属光泽,形似戴着黑色头罩。雌鸟和亚成鸟:头灰褐色。

习性 栖息于树林、灌丛和草地。多利用开阔林地和果园,很少进密林。上海全年可见。

校区分布 华东师大(闵行)、复旦大学(江湾)、同济大学(四平路)、上海交大(闵行)、上应大(徐汇、奉贤)、上师大(奉贤)、上海海洋(临港)。常见度:多见。

地理分布 国内除新疆、宁夏、青海、西藏和海南外,各地广布。国外分布于俄罗斯(西伯利亚东部)、朝鲜、日本(南部)。

雄

雌

雄

燕雀

学名 *Fringilla montifringilla* (Linnaeus, 1758)

英文名 Brambling

形态 体型中等（体长约16 cm），壮实，斑纹分明。虹膜褐色；喙黄色，末端黑色；脚粉褐色。雄鸟：头和枕黑色；背近黑色；翼具醒目的白色“肩斑”和棕色的翼斑，初级飞羽基部具白色斑点；胸棕色；腹和腰白色；尾叉形，黑色。雌鸟：与雄鸟相似，但体色较浅淡，头和颈灰色。

习性 栖息于树林、灌丛和草地。成对或小群活动，喜跳跃和波浪状飞行，在地面或树上取食。上海春秋冬季可见。

校区分布 复旦大学（江湾）、上海交大（闵行）、上师大（奉贤）、上海海洋（临港）、上海海事（临港）。常见度：偶见。

地理分布 国内除宁夏、青海、西藏和海南外，各地广布。国外分布于古北界北部。

雄 雄 雌

黄雀

学名 *Spinus spinus* (Linnaeus, 1758) **英文名** Eurasian Siskin

形态 体型甚小（体长约11.5 cm），黄色为主。虹膜深褐色；喙短但特别尖直，偏粉红色；脚近黑色。翼具醒目的黑色和黄色条纹。雄鸟：顶冠和颏黑色，头侧、腰和尾基亮黄色。雌鸟：顶冠和颏无黑色；体羽颜色较暗，纵纹较多。亚成鸟：似雌鸟但褐色较浓，翼斑橘黄色较多。

习性 栖息于树林、灌丛和草地。活泼好动，在冬季结大群作波浪状飞行，觅食行为似山雀。上海秋冬季可见。

校区分布 上海交大（闵行）。常见度：罕见。

地理分布 国内除宁夏、云南和西藏外，各地广布。国外不连贯地分布于从欧洲经中东至东亚。

黄眉鹀

学名 *Emberiza chrysophrys* (Pallas, 1776)

英文名 Yellow-browed Bunting

形态 体型中等（体长约15 cm）。虹膜深褐色；上喙褐色，下喙灰白至浅粉红色；脚粉红色。头具条纹，眉纹前半部分黄色（雌鸟较雄鸟色浅），耳羽后为白色；下颊纹呈明显的黑色，分散融入胸的纵纹中。翼斑白色；腰明显斑驳，但褐色较浓；腹白色，纵纹多。

习性 栖息于树林、灌丛和草地。多活动在林缘的次生灌丛，并与其他鹀类混群。上海全年可见。

校区分布 复旦大学（江湾）。常见度：罕见。

地理分布 国内分布于东北、华北、华东、华中、华南（广东和广西）、西南（除西藏外）和港澳台地区。国外分布于俄罗斯贝加尔湖以北。

雄　雄　雌　雌

黄喉鹀

学名 *Emberiza elegans* (Temminck, 1836)

英文名 Yellow-throated Bunting

形态 体型中等（体长约15 cm），具短羽冠。虹膜深褐色，喙黑褐色，脚粉红色。羽冠明显，前部黑色（雄）或褐色（雌），后部黄色（雄）或浅黄至灰白色（雌）；眼先、颊和耳羽黑色（雄）或褐色（雌）；颏黑色；喉上部黄色，喉下部白色；胸有一个半月形黑斑。背栗色，腹白色或灰白色。雌鸟体色比雄鸟暗，羽冠比雄鸟短。

习性 栖息于丘陵和山脊的落叶林和混交林，以及次生灌丛和草地。上海春秋冬季可见。

校区分布 复旦大学（江湾）、上海交大（闵行）、上海海洋（临港）。常见度：偶见。

地理分布 国内分布于东北、华北、华东、华中（河南和湖北）、西北（陕西、甘肃和宁夏）、西南（四川和重庆），以及广东和香港。国外不连贯地分布于朝鲜半岛和西伯利亚东南部。

小鹀

学名 *Emberiza pusilla* (Pallas, 1776) **英文名** Little Bunting

形态 体型较小(体长约13 cm),具明显的纵纹。虹膜褐色;上喙黑色,下喙灰褐色;脚肉红色。顶冠和耳羽暗栗色,侧冠纹、颊纹和耳羽边缘棕黑色;眉纹淡棕色。背褐色;胸和两胁灰白至土黄色,皆具深色纵纹;腹偏白色。

习性 栖息于灌丛、草地和水岸。常与鹨类混群,隐藏在浓密的芦苇中。上海秋冬季可见。

校区分布 上海交大(闵行)、上应大(奉贤)、上海海洋(临港)。常见度:罕见。

地理分布 国内除西藏外,各地广布。国外繁殖于欧洲北部和亚洲北部,越冬在印度(东部)和东南亚。

栗鹀

学名 *Emberiza rutila* (Pallas, 1776)

英文名 Chestnut Bunting

形态 体型中等（体长约15 cm），栗色和黄色为主。虹膜深褐色；上喙棕褐色，下喙淡褐色；脚淡褐色。雄鸟：繁殖期的头、背和胸栗色，腹黄色；非繁殖期体色较暗，头和胸散布黄色。雌鸟：顶冠、背、胸和两胁具深色纵纹。亚成鸟：纵纹非常浓密。

习性 栖息于海拔2 500 m以下的树林、灌丛和草地。喜有低矮灌丛的开阔林地，冬季常活动在林缘和农耕区。上海春秋冬季可见。

校区分布 复旦大学（江湾）。常见度：罕见。

地理分布 国内除青海、西藏和海南外，各地广布。国外繁殖于西伯利亚南部和外贝加尔地区泰加林南部，越冬在东南亚。

灰头鹀

学名 *Emberiza spodocephala* (Pallas, 1776)

英文名 Black-faced Bunting

形态 体型略小(体长约14 cm),黑色和棕色为主。虹膜深褐色;上喙近黑色但下缘颜色较浅,下喙偏粉红色而末端深色;脚粉褐色。雄鸟:眼先、颊黑色,头、颈、颏、喉和胸上部灰色;胸下部黄色,腹至尾下覆羽黄白色,两胁具黑褐色纵纹。雌鸟:具淡黄色眉纹和下颊纹;体色与雄鸟相似,但眼先、颊不为黑色,仅颈为暗灰色。

习性 栖息于灌丛、草地、芦苇地和林缘。不断地弹尾,显露外侧尾羽的白色羽缘。上海全年可见。

校区分布 复旦大学(江湾)、上海交大(闵行)、上应大(奉贤)、上师大(奉贤)、上海海洋(临港)、上海海事(临港)。常见度:偶见。

地理分布 国内除新疆和西藏外,各地广布。国外分布于俄罗斯(西伯利亚)和日本。

雄

雌

雌

白眉鹀

学名 *Emberiza tristrami* (Swinhoe, 1870)

英文名 Tristram's Bunting

形态 体型中等（体长约15 cm）。虹膜深褐色；上喙蓝灰色，下喙偏粉红色；脚粉褐色。雄鸟：顶冠纹、眉纹和下颊纹白色；侧冠纹、颊和喉黑色；耳后具白点。雌鸟：顶冠纹、眉纹和下颊纹淡黄色；喉棕褐色，具短的黑色纵纹；耳后具淡黄色点。

习性 栖息于树林和灌丛。多藏隐在山林下的浓密棘丛中，常结小群活动。上海春秋季可见。

校区分布 同济大学（四平路）、上师大（奉贤）、上海海洋（临港）。常见度：罕见。

地理分布 国内除宁夏、新疆、青海、西藏和海南外，各地广布。国外繁殖于俄罗斯西伯利亚及其邻近地区，越冬在缅甸北部和越南北部。

雄

雌

哺乳纲

MAMMALIA

华南兔

学名 *Lepus sinensis* Gray, 1835　**英文名** Chinese Hare

形态 耳较短。喉和前胸赭黄色，枕具一块黄斑。背棕黄色，杂有黑毛；体侧颜色较浅，腹浅黄白色、灰白色或白色。尾较短，背面深棕黄色，尾下淡黄色。毛被粗硬。

习性 多栖息在中山或低山林缘、灌丛和草地，常到农田附近活动，很少去高山密林。一般不挖洞，多利用地上洞穴和墓地做窝，昼夜均活动。主食草本植物的茎、叶、嫩芽和菌类，也吃豆苗、麦苗和蔬菜等作物。上海全年可见。

校区分布 华东师大（闵行）、上海海洋（临港）。常见度：罕见。

地理分布 国内分布于华东（除山东和江西外）和华南（广东和广西），以及湖南、贵州和台湾。国外分布于越南东北部。

粪便

东北刺猬

学名 *Erinaceus amurensis* Schrenk, 1859

英文名 Amur Hedgehog

形态 体长约200 mm，尾长约20 mm。头宽，吻尖，耳长不超过周围的棘刺长。面部、四肢和腹浅灰黄色至灰褐色，具细刚毛。身体背部被覆土棕色、粗硬的棘刺，刺基白色，棘刺上具黑棕色或淡棕色的环，刺尖黑色或棕色。爪较发达。

习性 栖息于山地森林、灌丛、平原草地和耕作区的草丛。夜间活动，主食昆虫及其幼虫，也吃瓜、果等植物性食物。行动缓慢，体小力弱，遇敌时常蜷缩成团，头和四肢均在背部棘刺的保护下。上海春夏秋季可见。

校区分布 华东师大（闵行）、上应大（奉贤）、上海海洋（临港）、上海海事（临港）。常见度：罕见。

地理分布 国内分布于东北、华北、华东等地。国外分布于俄罗斯和朝鲜半岛。

东方棕蝠

学名 *Eptesicus pachyomus* (Tomes, 1857)
英文名 Oriental Serotine **别名** 大棕蝠
形态 体型中等，前臂长49～57 mm。耳较长，端部钝，基部宽，呈钝三角形；耳屏扁长，呈直立条状，端部钝圆。翼膜止于趾基部，距缘膜窄。体毛长而密；背毛茶褐色，毛尖黄棕色；前腹的毛颜色较浅；后腹和体侧的毛基灰黄色，毛尖淡黄色。
习性 常潜伏在屋檐下、天花板夹层、墙缝、水管后建筑物中，也见于树林、灌丛和石缝。多在空中捕食蚊类等昆虫。具冬眠习性，上海夏秋季可见。
校区分布 各校区可见。常见度：偶见。
地理分布 国内除青海外，各地广布。国外分布于东亚（蒙古）、东南亚（越南、老挝、缅甸、泰国）、南亚（巴基斯坦、印度、尼泊尔）、西亚（阿富汗、伊朗）、中亚（土库曼斯坦、哈萨克斯坦）、北亚（俄罗斯的西伯利亚地区）。

东亚伏翼

学名 *Pipistrellus abramus* (Temminck, 1838)

英文名 Japanese Pipistrelle **别名** 日本伏翼

形态 体型较小，前臂长32.8～35.3 mm。耳短小，基部宽。耳屏短小，末端钝圆；内缘凹，外缘凸并向前微弯。翼膜发达，从趾基部起始；距缘膜较长，圆弧形。足细弱，趾短。背毛棕褐色；腹毛色浅，毛基深棕色，毛尖灰白色。

习性 常与人类伴生，多停息在城市、村庄等居民点的屋檐、天花板、墙缝和门窗的缝隙中。集群生活，主要在傍晚活动，捕食昆虫，嗜食蚊类。上海夏秋季可见。

校区分布 各校区可见。常见度：偶见。

地理分布 国内分布于东北（黑龙江和辽宁）、华北（除北京外）、华东、华中、华南、西北（陕西和甘肃）和西南，以及台湾。国外分布于俄罗斯、日本、朝鲜半岛、老挝、缅甸、越南和印度。

粪便

貉

学名 *Nyctereutes procyonoides* Gray, 1834

英文名 Raccoon Dog

形态 体型较犬小，但显肥壮。吻尖。全身毛长而蓬松，底绒丰厚；两颊和眼周的毛黑色，形成大块斑纹；胸毛黄褐色或赭褐色，毛尖多为黑色；背毛浅灰棕色，混有黑色毛尖；体侧毛色较浅；腹毛无黑色毛尖。四肢短，下部黑褐色。尾短而粗。

习性 栖息于树林、灌丛、草地等生境。穴居，营巢于石隙、树洞中，也常利用其他动物的旧洞。一般单独活动，偶尔三五成群；昼伏夜出。食性较杂，主食小动物，也吃野果、种子（含谷物）和真菌。春季交配。上海全年可见。

校区分布 华东师大（闵行）。常见度：罕见。

地理分布 国内分布于东北、华北（河北、山西和内蒙古）、华东（除山东外）、华中、华南（广东和广西）、西北（陕西和甘肃）和西南（四川、云南和贵州）。国外分布于俄罗斯（西伯利亚）、日本、朝鲜半岛和蒙古；在20世纪初引入俄罗斯的欧洲部分，现扩散至欧洲大部。

黄鼬

学名 *Mustela sibirica* Pallas, 1773　**英文名** Siberian Weasel

形态 头小颈长，四肢短，体型纤细。耳短而宽；鼻镜、前额和眼周暗褐色，鼻基和上下唇白色，喉和颈下常具白斑。体背、四肢、足背和尾沙黄色，腹色浅；尾末端的毛色有时较暗，多黑褐色。足具5趾。

习性 主要栖息于平原、农田、沼泽、草地、灌丛、林缘、森林等生境，常出没在村落附近，筑巢在土洞、石穴、坟堆和瓦砾中。多在夜间活动，遇敌时从肛门两侧的臭腺放出臭气后逃遁。主食啮齿类，也吃其他小型脊椎动物（鱼类等）、无脊椎动物和果实，会拖行小型哺乳类尸体。上海全年可见。

校区分布 华东师大（中北、闵行）、复旦大学（江湾）、同济大学（四平路）、上应大（奉贤）、上海海洋（临港）、上海海事（临港）。常见度：罕见。

地理分布 全国广布。国外分布于东北亚、中南半岛（除柬埔寨外），以及印度、巴基斯坦、尼泊尔和不丹。

拖行鼩鼱尸体
洞穴出入口
足迹
新鲜（上）和陈旧（下）的粪便

主要参考文献

蔡波，王跃招，陈跃英.2015.中国爬行纲动物分类厘定.生物多样性,23(3)：365-382.

费梁，胡淑琴，叶昌媛.2016.中国动物志 两栖纲 下卷 总论 无尾目 蛙科.北京：科学出版社.

费梁，叶昌媛，江建平.2012.中国两栖动物及其分布彩色图鉴.成都：四川科学技术出版社.

康茜，赵佳男，季芳，等.2020.病原体与自然宿主和人的生态关系.科学,72(3)：13-18.

李振宇，解焱.2002.中国外来入侵种.北京：中国林业出版社.

刘丹，史海涛，刘宇翔.2011.红耳龟在我国分布现状的调查.生物学通报,46(6)：18-21.

刘少英，吴毅，李晟.2022.中国兽类图鉴(第三版).福州：海峡书局出版社.

刘阳，陈水华.2021.中国鸟类观察手册.长沙：湖南科学技术出版社.

上海市教委.2022.2021年上海市教育工作年报.上海教育网,2022-08-17.[2022-09-27].http://edu.sh.gov.cn/xxgk2_zdgz_jygzydynb_02/20220521/18d7dd6b6c204862a23f0e6b9acea09c.html.

王剀，任金龙，陈宏满，等.2020.中国两栖、爬行动物更新名录.生物多样性,28(2)：198-218.

魏辅文.2022.中国兽类分类与分布.北京：科学出版社.

张孟闻，宗愉，马积藩.1998.中国动物志 爬行纲 第一卷 总论 龟鳖目 鳄形目.北京：科学出版社.

郑光美.2017.中国鸟类分类与分布名录(第三版).北京：科学出版社.

郑光美.2021.世界鸟类分类与分布名录(第二版).北京：科学出版社.

后记 · 都市芳邻

随着城市化进程的发展，自然的野性被折叠成都市的野趣，野生动植物与人类比邻而居，共享城市空间；而校园就成了许多市民年少时在老师指导下，观察自然生灵的起点。我最初的记忆，正是在魔都北陲小镇的小学校园，跟随一位白发老者辨识校园花草；而后带着这份热忱北上求学，将母校草木谱写成册，毕业前夕，幸得付梓，算来已过去整整二十年。2007年别师大赴蓉城小驻，独自在锦江边漫步，忽然偶遇两位沪上结识的旧友，涂鸦数笔，以慰乡愁："白鹭临风影，鹡鸰和水鸣。初识扬子畔，恰遇锦江停。"当时便萌生了将来也为城市里的野生动物邻居们编本册子的念头。

2019年初，连续五年的校园动物监测系列项目进入尾声，多年的数据积累为我当年想法的实现提供了可能。项目运行期间集结了不少曾经或正在校园中"修炼"的旧友新识，几位旧友已从昔时的莘莘学子，成为沪上知名的科普达人。大家何不趁此良机，群策群力共撰一本校园动物多样性的手册？共同为探索校园自然宝藏绘制一张寻宝图，来引导读者学习校园野生动物标准化调查方法，识别主要物种。更为重要的是：其中的标准化调查方法可以推广到其他校园以及社区、公园绿地，让城市也能成为自然爱好者修炼的"圣地"，而这本手册正是修炼的"宝典"。

经过十余年的沉淀、酝酿，三年多的编写、修改、打磨，这本"宝典"终于付梓，即将与读者见面。翻开手册，给城市生活注入新的节拍。于是在这里，你会观察到：斑鸠在空调外机架上安家落户，麻雀抛洒泡沫向心仪的对象表达绵绵爱意，木桥下白鹡鸰母亲正载着子女初次启程，白腰文鸟组团享用池中的丝藻大餐，蛙鸣阵阵的水塘是赤链蛇的杀戮猎场，举家迁移的刺猬横遭车祸……凝视自然，亦为自然凝视。于是在这里，无论你是专业学者还是热心市民，都被赋予相同的角色——城市生态的记录者，都可以用属于自己的视角去观察共同的城市……公众参与科学，科学回馈公众。

正如本书的作者们，既包括专业工作者，又有自然爱好者、志愿者，还有被临时抓的"丁"。然而无论是毕生的职业还是短暂的参与，校园中那些曾注视过的生灵已经悄然被种进时间，结出回望这段旅程时的另一番感悟——城市生活并不会导致自然缺失，因为自然一直就在城市之中。

就让我们在繁忙的城市生活间隙，怀着对自然的初始依恋，带上这本手册，一同开启探寻自然宝藏的旅程；带上这本手册，一起走进都市芳邻的奇妙世界，收获与它们邂逅的愉悦和悸动——忽听悠鸣凝风语，不知倏影牵谁眸？

刘文亮
壬寅年大雪于崇明西沙

红胁蓝尾鸲

陆生脊椎动物名称索引

中文名索引

学名索引

英文名索引

附表 1　两栖类和爬行类调查记录表

调查校区：________　调查地点：________　样线（样点）：________

调查日期：________　调查时间：________　天　　气：________

观 察 人：________　记 录 人：________　表格编号：________

记录序号	样点编号（或位置）	种名	数量（只）	雌雄 / 成幼	生境	行为	影像编号	其他

附表2 鸟类调查记录表

调查校区：________ 调查地点：________ 样线（样点）：________

调查日期：________ 调查时间：________ 天　　气：________

观 察 人：________ 记 录 人：________ 表格编号：________

记录序号	样点编号（或位置）	种名	数量（只）	到样线中心线的垂直距离		雌雄/成幼	生境	行为	影像编号	其他
				≤25 m	>25 m					

附表 3　哺乳类调查记录表

调查校区：________　调查地点：________　样线（样点）：________

调查日期：________　调查时间：________　天　　气：________

观 察 人：________　记 录 人：________　表格编号：________

记录序号	样点编号（或位置）	种名	数量（只）	雌雄 / 成幼	生境	行为	影像编号	其他